都会の自然の話を聴く

玉川上水のタヌキと動植物のつながり

高槻成紀
Seiki Takatsuki

彩流社

図1．小平市にある鎌倉橋の４、５月の変化（第３章）

図2．玉川上水でみられる春の花（第３章）

図３．ミズヒキの花。左側は下からみたもの、右側は上からみたもの（第３章）

図４．コウゾ（左）とナワシロイチゴ（右）の果実（第３章）

図5.　オオヤマフスマ（左）、（右）コナスビ（中）、センブリ（右）（第３章）

図６．果実のスケッチ（第４章）

図７は次ページ

図８．玉川上水の紅葉（第４章）

図７．玉川上水で見られるおもな果実（第４章）

図８は前ページ

図９．訪花昆虫を調べた花。左の５種が皿形、右の６種が筒型（第７章）

図 10.　机の上に並べた果実類（第７章）

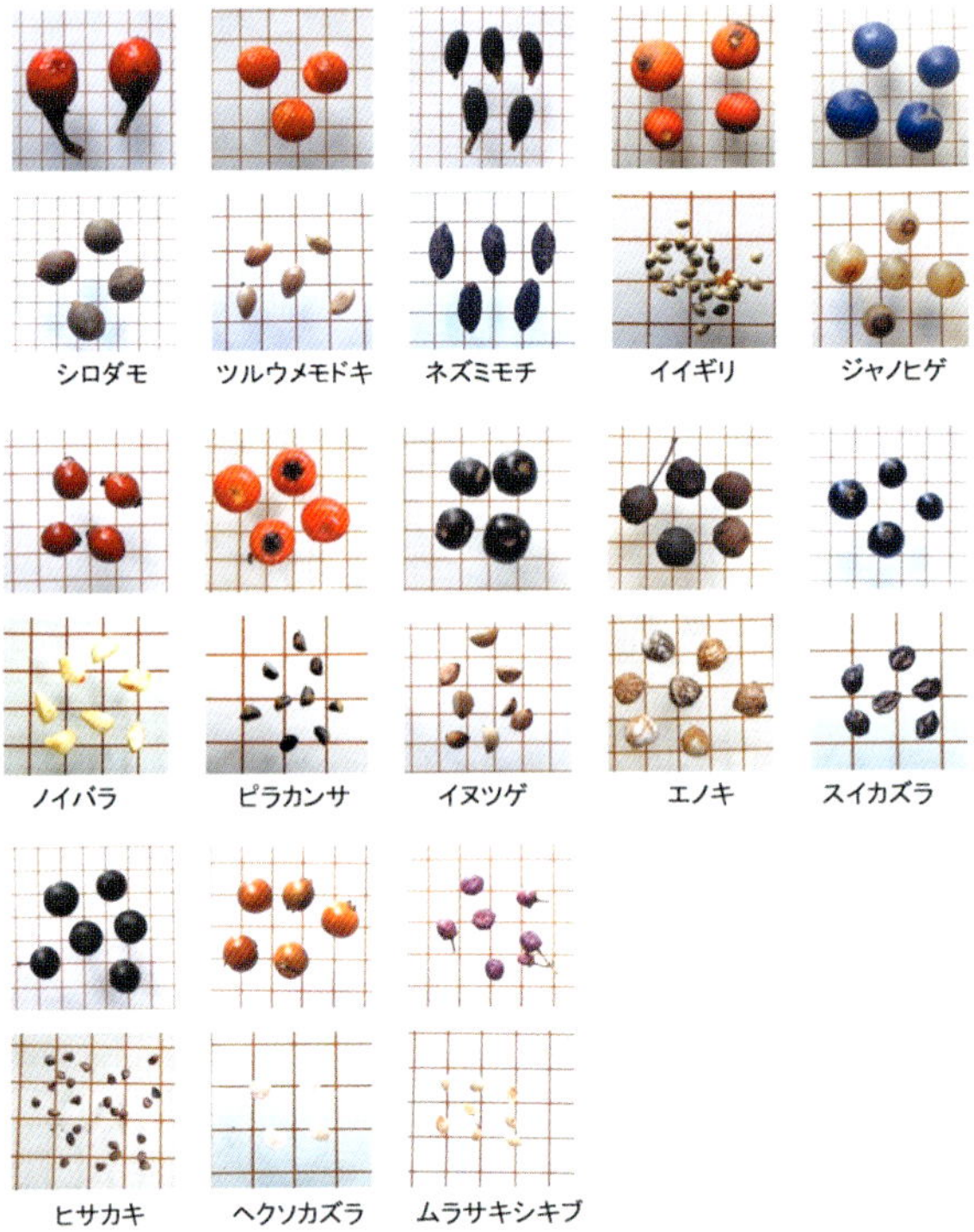

図 11. 計測した果実（上）と種子（下）。格子間隔は 5 ミリメートル（第 7 章）

図 12. 果実を大きさ（左）、色（中）で並べたところと、皿に無作為に並べたところ（第 7 章）

もくじ

第5章　タヌキを調べる　115

第6章　糞虫を調べる　159

まえがき

東京西部の空中写真を見ると、灰色に見える市街地が広がり、その中にところどころ緑色の塊りや、茶色の楕円形などが見えます。緑の塊りは雑木林で、茶色の楕円形はグラウンド、四角い学校の校庭なども見えます。薄緑のなかに白い丸や線があるのはゴルフ場で、けっこうな面積を占めています。こういう空中写真は都市郊外ではどこでも同じようなものですが、東京西部の場合、細い緑の線が東西に走っているのが目にとまります。実はこれは玉川上水という運河で、この本はこの玉川上水の動植物について書いたものです。

この「細い緑の線」を空から眺めながら、想像を働かせてみることにしましょう。江戸時代の初め、武蔵野台地と呼ばれるこの辺りに人は住んでいなかったそうです。ですから空から見ても緑色の林が広がっていたはずです。そこに玉川上水が掘られました。１６５３年といいますから今から３６０年ほども前のことです。

玉川上水は江戸に水を送るために作られたのですが、同時に途中の土地に農業用水をもたらすことになったので、緑の台地に人が住むようになり、道ができ、集落ができました。そして農業が始まったために、林が切られ、畑が作られました。こうして林の緑が減り、畑の茶色が少しずつ増えて行きました。とはいえ、畑と雑木林が広がる景色は18世紀、19世紀、20世紀とそれほど変化しませんでした。19世紀末に中央線ができて、沿線は徐々に変化し始めましたが、少し北の玉川上水がある辺りではそれほどの変化は起きませんでした。この本の舞台となる小平辺りも畑と雑木林が広がり、太平洋戦争が終わってしばらくは富士山がよく見えたそうです。

　ところが１９６０年代に都心からの人口が爆発するように周辺に広がり、あっという間に畑が住宅地に変わっていきました。空からの景色でいえば、緑と茶色が減って市街地の灰色が広がっていきました。江戸時代からの景色を早送りすると、ゆっくりと緑が減り、茶色が広がって、しばらくは同じような配色の景色が続きながら、最後のところで急に灰色が増えました。その中で、玉川上水の「細く長い緑」はかろうじて保たれてきました。そこは、すみかであった林を奪われた動物や植物たちの最後の逃げ場になったのです。

　さて、私は仙台で学生生活を過ごしてそのまま大学の研究者になり、40歳代になって東京に来ました。東北地方で過ごした後で接した東京の自然は、私には貧弱なものに感じられました。しかし、たまたま玉川上水のすぐ近くに住むことになり、上水沿いを散歩するようになって、次第にその魅力に開眼していきました。

　私は２０１５年に大学を定年退職しました。現役時代に少し玉川上水の植物の調査をしたことはありましたが、なんといっても研究、教育に忙しくて、玉川上水は横目で眺めながら「退職したら調べるぞ」と思っていました。退職し、晴れて玉川上水の調査ができることになったのですが、ちょうどそのタイミングに、彩流社の出口綾子さんから、なにか命についての本を書いて欲しいと依頼がありました。私は前に書いた『動物を守りたい君へ』（岩波ジュニア新書）に野上ふさ子さんの『いのちに共感する生き方』を引用したのですが、野上さんの本は出口さんが編集したもので、そのことがあって私に声をかけてくださったということでした。それなら玉川上水のことは書けそうだと思い、お引き受けしました。

玉川上水の動植物の観察活動は今後も続けるのですが、ひと区切りをつける意味で、その1年ほどで見聞きしたこと、明らかにしたことをまとめてみました。その過程で強い確信を持ったのは、都会にすむありふれた動植物の暮らしの中にも実にすばらしい命のほとばしりがあり、彼らの話は聴こうとする耳を持ちさえすれば聞けるのだということでした。この本では、観察会の中で交わした会話、調べてわかったこと、その過程で思ったことを表現してみました。

大自然の中で本格的な調査をする人も大勢おられますが、この本は、都会のささやかな自然に生きる動植物に目を向けました。こういう動植物についてどんなことが調べられるのか、それにはどんな意味があるかということも考えました。そのことが、都会に住みながら自然に興味をもつ多くの人の参考になれば幸いです。

（特別寄稿）

高槻先生と玉川上水を歩いて

関野吉晴

およそ1年前、初めて高槻先生と玉川上水を歩いた時、とても新鮮な驚きがあり、心が躍ったことを覚えています。冬芽を観察し、写真を撮り、教室でスケッチをしました。それまで50年近く見ていた玉川上水は、ジョギングのため、通勤のための道に過ぎませんでした。しかし、そのとき、魔法にかかったように、玉川上水が今までとまるで違った、緑の回廊御殿のように見えてきました。そのときの高槻先生の解説で、草本が繁茂し、虫や鳥が飛び、動物たちが動き回り、それが皆つながっていること、季節によってその表情を常に変えていること、そういう興味や視点を持つことで、初めて活動する動植物たちの姿やつながりが見えてくること。玉川上水が今までと違って見えた経験は、一生忘れないでしょう。

玉川上水には珍しい動物も、希少な生き物もほとんどいないと聞いた時、少しがっかりしましたが、当たり前の動物なり、植物なりを、その形、色、行動をとことん調べていくと、その美しさに気づき、生き物のリンク（つながり）を調べていくと、新しい発見があると教わりました。

沿道に車がびゅんびゅん通り、車が通る橋が掛かった「危険がいっぱい」の環境にありながら生き延びているタヌキのことを知ることについて、高槻先生は、「人が生活する場所に生き延びる野生動物とおりあいをつけてよい関係が築くことは、人も暮らしながらしかもそこに野生動物も許容するという守りかたにつながるから普遍性がある」と言います。

先生は別の機会に「絶滅危惧種や希少生物に関心を集中させる世の中の風潮に対するアンチテーゼ」という言い方をしました。あたり前のもの、スポットライトが当たっていないもの、場合によっては鼻つまみ者にされるものに共感を寄せる姿勢に、シンパシーを感じました。

私も、どんな生き物にも役割と生きている意味がある、無駄な命はないと思っています。それは才能と幸運に恵まれた人は当然、称賛に値するが、食べるのがやっとのストリートチルドレン、努力しても報われないホームレスやコツコツとものを作る人たちが懸命に生きている姿にも感銘を受け、彼らに尊厳を感じるからでしょう。

タヌキは珍しくもない動物ですが、そのタヌキがいることで周辺の動植物がタヌキとつながって生きているということはわからないことだらけでなのだそうです。先生はそれを自分の目で見て調べてみたいと思ったのだそうです。なるほどと頷きました。

タヌキは同じところに糞をする。それをため糞という。ため糞を調べれば何を食べているか、行動半径なども分かる。糞があれば糞虫《ふんちゅう》がいる。動物がいればその死体を食べるシデムシがいる。タヌキが草木の実を食べれば、糞の中に種子が残り、芽を出し、群落ができ、林が生まれる。そこに様々な虫や鳥などがやってくる。そうして、その土地特有の生態系ができる。そこに住む住民はその生態系にどんな影響を与えているのか。どんな役割を果たしているのか。それを、大した器具がなくても調べられると聞いて、熱くなったのを覚えています。観察会も調査も楽しく、充実していました。

観察会が終わると、高槻先生はその日のうちにツボを押さえたレポートをメールで皆に送ってくださるので、その日にやったことの意味、意義がクリアーになりました。

私は世界中の辺境の地に行って、自然と一体となって暮らす人々と交流を続けてきました。彼らの視点で文明社会に住む自分自身を見つめてみようと思ったのです。

私たち文明社会が迷うことなく目指したもの、あるいはその結果とは、なんでしょうか。経済成長、効率とスピード、これらは私たちに便利さ、快適さをもたらしました。そして、豊かな幸福をもたらすはずのものでした。しかし、大量生産、大量消費は、大量廃棄、環境汚染をもたらし、生物種の絶滅、過労死、心の病、凶悪犯罪増加、家族崩壊と多くの負の側面ももたらしました。

古代文明は地域的なものでしたが、現代文明は世界文明になっています。この巨大文明の中で、その文明から洩れて生きて来た伝統社会、先住民の暮らしや考え方の中に、私たちが生き延びていくために必要な重要なヒントが詰まっているのではないか。彼らが培ってきた知恵の数々の中に、私たちが疑いもせずに、大量生産、大量消費をする生活を突っ走って来たために残してしまった大切な「忘れ物」を見つけることができると思いました。

現代文明を推進してきた「大きいこと、強いこと、早いことはいいことだ」という価値基準と、希少種調査を注目することには関連があると思います。私はそういう価値観に疑問を持ち、先住民の「つつましさ」「やさしさ」「ゆったりさ」に価値を置く生き方に魅かれました。同じように、注目されないタヌキ、鼻つまみ者の糞虫などありふれた生き物の観察を通じて、彼らが生き抜くために懸命に工夫をしている姿に目をみはりました。

私は違う人間社会から私たちを眺めなおそうとしてきましたが、高槻先生の観察会に参加することによって、生き物の視点から自分や人間社会を見るという視点もあるということに気付きました。タヌキや糞虫も懸命に生きている、どんな命も無駄な命はなく、すべてつながっていて、役割を持っているということは新鮮な感動でした。昔、ファーブル昆虫記を読んでわかったような気がしていましたが、それが実感として理解できたことは、私にとっては大きな進歩でした。

先生が玉川上水の価値をエドワード・ウィルソンの文を引用して書いた、料理のためにルネサンスの絵を燃やすことがいかに愚かなことかという文章はとても説得力があると思いました。その火は本当に必要なのか、代替のものがあるのではないかも含めて考えるべきだと思いました。

私は高槻先生を「現代のファーブル」だと思っています。生き方、考え方、生きものに対する姿勢が似ていると思います。知りたいという飽くなき好奇心を持っています。生き物の行動を辛抱強く観察します。玉川上水の糞虫調査で、先生の考えた仮説と合わないデータが出ることがありました。その時は心を澄まして検討しなおし、仮説を立てなおしました。そして実験の工夫をしました。自分の見たことしか信じない厳密さと強靭さ、そして不思議なものに驚く感受性の鋭さを持っています。

高槻先生は以下のように書いています

「生きものというのはなんとよくできているのだという驚きです。そして、そのことを知ったときにはすばらしい感動があります。小さな葉一枚でも、昆虫の脚一本でも、細かく見ればさらにその中に微細な作りがあり、しかもそれがすべて意味をもっています。はじめはその意味がわからなくても、調べてわかったときに深い感動があります。その感動こそが私が生き物を調べることの原動力になっています。好奇心といってもよいかもしれませんし、センス・オブ・ワンダーといってもよいでしょう」

何かに役に立つから生き物を研究しているのではないという態度はファーブルにも見られます。この本には頑固なほどの厳密さと同時に、歴史や文学などの専門外の知識、教養や人生観、自然観がにじみ出ていると思います。『ファーブル昆虫記』もこの本も、ユーモアもたっぷりに、生き物に関心のない人にも読みやすく、楽しめるように配慮されています。

（せきのよしはる・武蔵野美術大学教授、探検家）

第1章

ことの始まり

玉川上水で観察会を始める

「ここにもいるんですね」

「そう、いるんですよ」

　ある夏の日の玉川上水での観察会のことです。私は観察会に備えて前の日に、玉川上水の脇の林の中に、プラスチックの小さなバケツを用意して「糞虫《ふんちゅう》トラップ」をしかけていました。このトラップには犬の糞がティーバッグに入れてぶらさげてあり、その匂いに惹かれて糞虫が飛んで来ていたのです。観察会に参加した人たちは目の前にあるこの糞虫が実際にいることを自分の目で見て感慨を持ったのでした。

「いるだけじゃなくて、あんなにがんばってるんですよね」

「そうなんですよ」

　実は私はこの糞虫を飼育し、ピンポン球ほどの糞の塊を1日で完全にバラバラにすることを調べて、参加者に報告していました。ハエほどの小さな糞虫が巨大ともいえる糞の塊を分解する能力は驚くべきものです。そのことを知っていたので、参加者は目の前の糞虫のがんばりが想像できたのです。

「これまでずっと玉川上水を見てきたけど、ここにこんな虫がいるなんて全然知らなかった。これまでと同じ景色なんだけど、ここにこういう虫がいて糞を分解して生きていると思うと、なんだか景色も違うように見えてきてね」

「そうですよね」

「そうそう」

「私も」

　と皆さん、感想を語ってくれました。でも、最初からこうではありませんでした。

　初めて観察会をしたのは２０１６年3月でした。そのときは、まだ顔なじみになっていなかったのと、そもそも自然観察会というものがどういうものかを知らない人が多かったので、「へえ、こういうものか」という表情の人が多く、ぎこちなさのあるものでした。それが回数を重ねるたびに変化が現れるようになりました。そのことは3章で紹介しますが、この本は観察会をひとつの軸とし、並行して進めた動植物の調査のこと、そうした活動を通じて見出したことや考えたことなどを紹介します。それに先立つ1、2章では本書の背景や経緯について紹介します。

玉川上水との出会い

私は東北大学に入学してから40歳代までを仙台で過ごしましたが、縁あって東京に住むことになりました。東京へは学会や環境省などの会議でよく来てはいましたが、都心にいるとぐったり疲れ、好きになれないところだと感じていました。住むことになったときは、できるだけ西のほうにしたいと決めていました。というのは、東京農工大学にはときどき来ていたのですが、三鷹辺りを過ぎると緑も増え、ほっとできる印象があったからです。それで、国分寺市に借家をすることにしました。

歩いて5分もかからないところに玉川上水の緑地がありました。東北地方の自然に親しんで来た私の目には「ちゃちい自然」に映りました。木は細く、下生えは少なく、雑草が混じっているばかりでなく、しばしば園芸植物が植えられてもいました。

「ま、ないよりはましだけど」

という気持ちでした。

それでも、犬の散歩などで季節季節の林の変化を知るにつけ、「悪くない」と感じるようになってきました。

その後、関東地方の地方都市に行き、町のようすを眺める機会が増えました。そうすると、どう見ても自然をあまりにも無視した街づくりが進んでいると感じるようになり、逆に東京は意外と緑が多く、とくに明治神宮や玉川上水の緑はすばらしいものなのだと気付きました。つまり、東北地方などの原生的自然と都市の自然をそのまま比較すれば、都市の自然が貧弱なのは当然であって、その比較はあまり意味がない。それは都市の持つ宿命である。大切なのは人の営みと自然の折り合いがどうつけられているかだと思うようになりました。

思うに、1964年の東京オリンピックの頃に東京は大変化したのですが、あの時代に緑が失われ、このまま行くとまずいという意識が日本で一番早く生まれたのも東京だったのではないでしょうか。その後は日本各地の地方都市でも都市化が進みましたが、周りに自然があるだけに、割合、危機感を持たないで都市化が進められたのではないでしょうか。

そのように考えると、私が最初に感じた「ちゃちい自然」については、その評価がふたつに分けられるべきだと思います。ひとつは原生自然に比べて貧弱だということです。それは事実ですが、都市緑地としての宿命であり、それを原生的自然より価値が低いとするなら、その通りであり、話はそこで停止です。もうひとつは都市においてどれだけの工夫や努力をして緑が残されているかという、住民の意識を考えての評価を加味するということです。そう見た場合、玉川上水は世界有数の大都市である東京に「よく残してくれた」と思える自然だと言えると思います。

玉川上水の最大の特長は、都心まで実に40キロメートルもの長さがあるということです。「細いが、長い」、しかもその長さがマラソンのコースほどもある。本書ではそのことの意味を考えることになります。

玉川上水をめぐる人々

玉川上水に愛着を感じる人は多く、中にはその自然を観察する人もいますし、玉川上水の保護活動をする人もいます。２０１４年になって私は玉川上水の自然観察をしているグループのシンポジウムがおこなわれるというので、出かけてみました。そしてそのリーダーであるリー智子《さとこ》さんにお会いしました。彼女は大自然に憧れながらも、小平に住むようになって、小平霊園にある自然の豊かさに気づき、それから玉川上水に出会い、さらにすばらしいと感じたそうです。それと、子どもさんを育てる過程で、この社会の将来に対する不安を感じるようになり、自然から離れてゆく人間社会のあり方に危機感を覚えるようになったといいます。その思いのひとつの表出として、「小さな虫や草といきものたちを支える会」としてさまざまな活動をしているということでした。先のシンポジウムはそのひとつでした。

関野吉晴先生との出会い

翌年の２０１５年の8月にその活動のひとつとしての第3回シンポジウムがあり、私も招かれて、以前調べたタヌキの話をしました。わりあい手応えのあるシンポジウムになりました。

そのシンポジウムには関野吉晴《せきのよしはる》先生も発表者として来ておられました。「グレートジャーニー」の実践者である関野先生は、人類の発祥の地であるアフリカから、われわれホモサピエンスの先祖がたどったルート、つまり中央アジア、東アジアを経て、ベーリング海峡を渡り、北アメリカ、南アメリカ大陸を経て南アメリカの最南端までのルートを、逆ルートで、自転車、カヤック、徒歩など、自分の力で踏破するという超人的なトリップをなしとげた人であり、私もテレビを見て知っていました。

とくに印象的だったのはモンゴルでプージェーという名の牧民の少女との出会いでした。彼女は子どもながら重要な労働力で、家畜の世話をしているところに、見も知らぬおじさんが来たのを快く思っていません。厳しい視線を放つだけでした。しかし関野先生の人柄は次第に彼女の心を開かせ、会話をするようになりました。春一番に咲くオキナグサの仲間をヒツジが食べるのは、何も知らない者には「きれいな花を食べてもったいない」と感じさせますが、プージェーはそれをきれいだと感じながらも「ヒツジの栄養になるのだからいいのだ」と言い切ります。

私はその後、自分自身がモンゴルに行くようになったのですが、このシーンはとても印象に残っていました。

関野先生は小平市にある武蔵野美術大学の教授をしておられ、リーさんを介して喫茶店でお会いすることになりました。著名人であるにもかかわらず、おとなしく、自己主張的なところがまったくなく、ボソボソと小さな声で話され、「これがあの関野さんか」と意外に感じるほどでした。

話を聞くと、たとえば学生と「一からカレー」というプロジェクトをしているそうです。関野流にいえば、「カレーを作る」ということを深く考えると、食材を買ってきて調理することにとどまらない。その米は誰が作るのか、これも自分で作ろう。カレーに入れる肉は誰が作るのか、ニワトリを飼おう。そういう実践を通じて、都会人のもつ脆弱さ、あるいはバーチャルな生活のもつ危うさに対する挑戦をしておられるのだと思います。関野先生はそうして物事の根源的なところまでたち返ろうという発想をする人です。もちろんそうであるからこそ、グレートジャーニーを遂行することができたのだと思います。

2016年になって、リーさんから、関野先生が進めているプロジェクトに協力してもらえないかという提案をもらいました。私はお引き受けすることにしました。そのプロジェクトは「地球永住計画」という、関野先生らしいもので、人類の将来を見据えるというものだということでした。しかし、その全体はとてつもなく大きなもので、正直、私は説明を聞いてもよくわかりませんでした。ただ、玉川上水の動植物を調べるということは大賛成だったので、その部分でお引き受けしました。

本書の内容

こうして始まった玉川上水の観察会の記録をまとめたのが本書の内容の主体となっています。観察会はビギナーに解説するという要素が大きいので、私が専門的におこなってきたようなデータにもとづく論文のようなものとは違います。ここで紹介するのはほかの場所で調べられてすでに知られていることが主体となりますが、観察会には思わぬことがあったり、私と参加者との組み合わせが違うと、そこに交わされる対話も違ってきます。そうしたおもしろさを味わってもらいたいと思います。

もっとも、それだけではなく、タヌキやタヌキの糞に集まる糞虫についてはかなりオリジナルな情報も得られました。これも、わかった結果を紹介するというより、そのプロセスや、そこで起きたことなども紹介して、自然を見ることのむずかしさやたいへんさ、それだけにそれがうまくいったときの喜びなども伝えたいと思いました。

第2章

玉川上水とは

都市の緑地としての玉川上水

　私は自分が近くに住むようになるまで玉川上水の存在を知りませんでした。名前はかすかに聞いたことがあるという程度の認識でした。それよりは安積《あさか》疏水や琵琶湖疏水のほうがまだ知っているほうでした。

　私は仙台で研究者になり40歳代まで暮らしていましたが、東京の大学に移ることになり、家族が来るまでのあいだ、大宮の公務員宿舎で単身赴任という生活になりました。ようやくそれが終わり、家族と生活を始めるために借家を探すことになりましたが、東京に住むなら三鷹より西側と決めていたので、不動産屋を通じていくつかの候補地を探して歩きました。国分寺にまずまずの家を見つけたので、そこに決め、荷物を大宮から国分寺まで運ぶことにしました。荷物は運送屋にたのみ、私はタクシーで移動しました。その家には電車で下見をしていたので、今回は違うルートでした。家が近づくと細長い林があります。

「これはなんだろう?」

玉川上水の歩道を歩く少年たち

と思いました。ふつうの緑地とは違い、延々と続いています。見ると電柱についた地名票に「上水」とあります。「うえみず」と読むと思っていました。

　住むようになってそれが玉川上水であることを知り、イヌの散歩などでよく歩くようになりました。

　安積疏水にしても、琵琶湖疏水にしても、明治政府が近代化のためにおこなった大工事ですが、玉川上水は江戸時代に掘られたものだと知って興味を持ちました。それで、ときどき時間を見つけて玉川上水を訪問しました。羽村の取水場に入った水は量も多く勢いがあります。

　立川などを経て小平の監視所までは、両岸が石垣やコンクリートで固められ、脇の植生は下刈りをされすっきりしています。水は滔々《とうとう》と流れています。

小平監視所よりも下《しも》になると、水が急に少なくなり、深く掘られた両岸が赤土むき出しで、植物が豊富になります。

こうして玉川上水を一通り眺めましたが、まだ知らない場所もたくさんあります。玉川上水全体からすると、よく訪問する小平辺りは豊かな緑に恵まれ、そこを歩くのを楽しむ市民の数も多く、市民の憩いの空間になっています。

羽村を流れる豊富な流れの玉川上水

しかし、それは今の姿であり、もともとは江戸市中の飲料水を確保するための運河としてスタートしたものです。

玉川上水の歴史

ここで、玉川上水の概略を確認しておきます。

作られたのは1653年であることがわかっています（完成は翌年という説もあるようです）。前記の2つの疏水が19世紀から20世紀にかけてのものであり、欧米の技師の指導を仰いで建設されたことを考えると、玉川上水はむしろ関ヶ原の戦いに近い時代であり、その古さに驚かないではいられません。当時の江戸は人口はよくわからないようですが、1609年に上総《かずさ》に漂着したドン・ロドリゴは江戸の人口を15万人と推定しています（伊藤『江戸上水道の歴史』1996

小平監視所付近の玉川上水

緑の豊かな小平付近の玉川上水

年）。その後、1635年に参勤交代が制度化し、江戸に武士が住むようになって人口が急増します。18世紀には100万人を上回ったとされ、世界有数の大都市でした。玉川上水ができた1650年代には30万人程度であったという説もあるようです。いずれにしても、人口急増にともない、必然的に生活用水が必要になり、これに応じて作られた上水運河のひとつが玉川上水であったということです。

　計画は1652年に立てられ、庄右衛門、清右衛門という兄弟（後に玉川姓を授けられる）が請け負ったとされます。資金は6000両といいますから、1両を米の値段から13万円くらいだという説によると7億8000万円となります。かなりの巨額といってよいでしょう。そして、翌1653年の正月に命が下り、4月に着工、そして完成が11月15日といいますから、わずか7カ月という計算になりますが、この年は閏《うるう》年で6月が2回あったため、実質8カ月ということになります。いずれにしても短期間で仕上げたことになります。その距離43キロメートル、現代のような重機がないことを考えればたいへんなスピード工事といえます。

　調べてみると、たいへんな難工事であったらしいことがわかります。最初は多摩川の日野辺りから取水しようとしたようですが、工事を進めながら試験をすると、水が地下に流れてしまい、断念したそうです。こういう土地を「水くらい土」といい、今でもその地名があります。次は福生《ふっさ》から取水しようとしましたが、岩盤に当たり、掘り進めることができなかったそうです。最後の計画が羽村《はむら》での取水です。

　こうして完成の翌年の1654年6月に江戸市中に水がもたらされることになりました。これにより、江戸城をはじめ、四谷、麹町《こうじまち》、赤坂の大地や芝、京橋方面に至る江戸の南西部一帯に給水されるようになりました。寅さんの名調子にある「チャラチャラ流れる御茶ノ水」の水は玉川上水の枝の水だったのでしょうか。

絶妙のルート

羽村から江戸の四谷大木戸までは43キロメートルもあります。その標高差は93メートルといいますから、標高差を距離で割ると0・22％しかありません。10メートル進んでわずか2・2センチメートルしか下がらないということですから、われわれの目にはほぼ平らに見えます。ここに水を流すのですが、勾配が小さいとむずかしい問題が生じます。平らに見えても丘あり、川ありです。もし運河が多摩川など低いところに降りてしまえば、水はそちらに流れてしまって江戸市中には届かなくなります。そして場所により、礫《れき》質であり、水がスーッと地面に吸い込まれてしまう場所も少なくありません。

そうしたことを避け、台地の「稜線」（といってももちろん素人目にはそうは見えませんが）を選びながら、最後に四谷に至るコースをとらなければならないのです。そうするためには、羽村から小平まで東進し、終点の四谷木戸に直進するのではなく、それから南東に折れ曲がるしかないのだそうです。

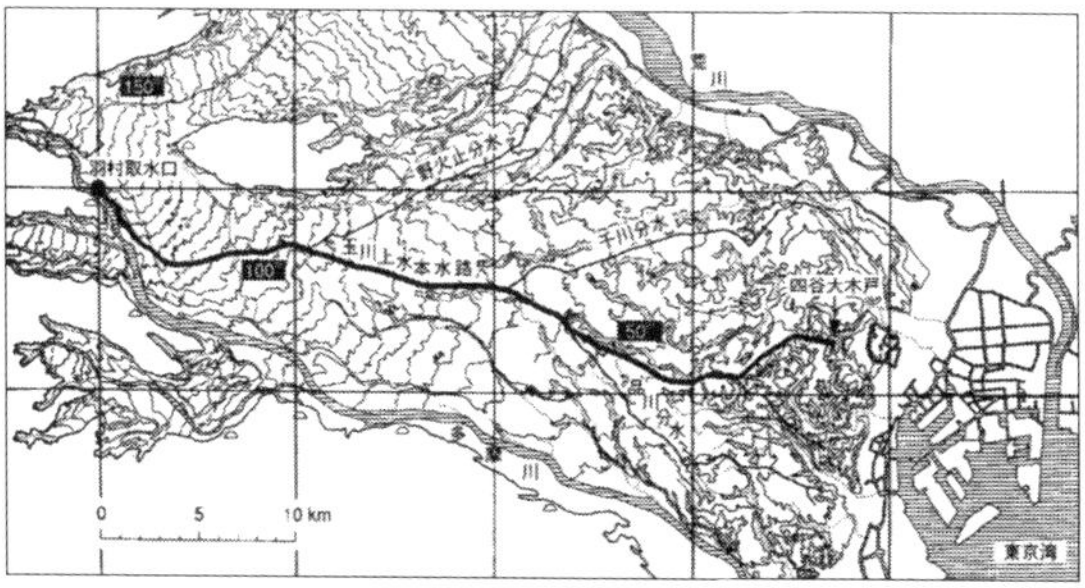

玉川上水と等高線（渡部『図解武蔵野の水路』2004年より一部抽出）

私は現代のＧＰＳ技術による地形図を見せてもらいましたが、それを見ると、玉川上水が「ほかにない絶妙のルート」をとって作られたということがわかり、驚嘆しました。時間と予算が無制限であれば、あれこれ試掘をしてみて、だめなら改めるということが可能でしょうが、実際には予算が限られた中で半年あまりで完成したのですから、信じられないようなことです。

明治以降

玉川上水は運河であり、露天掘りです。江戸時代、幕府の命は絶対的であり、玉川上水の水質はきわめて厳格に保持されたとはいえ、「ふた」がない以上、風に運ばれる枯葉や砂埃が入ることは避けられませんし、伝染病の心配などもあります。主要水路の管理はなんとかできても、末端になれば汚染は避けがたいことになります。こうしたことから、近代化を進める東京では、浄水場で水質を管理し、鉄管によって加圧給水する近代水道を建設する計画が立てられました。そして、１８９８年には代田橋（代々木公園の2キロメートルあまり西）までは玉川上水を導水路としてそのまま使用し、代田橋付近から淀橋浄水場までを新水路とすることになり、神田、日本橋方面に給水が開始されました。

それから半世紀経ち、日本社会は太平洋戦争を経て、戦後の復興という時代を迎え、経済復興に邁進しました。そして戦後を脱したと見られるようになってきました。それを象徴するかのように、１９６４年には東京オリンピックが開催され、その準備のために東京は大きく変化しました。

その翌年の１９６５年、利根川から東京へ水を供給する武蔵水路が開通します。これにともない、淀橋浄水場の機能は東村山浄水場に移されました。羽村で多摩川からとられた水は５００メートル下流の取水所で村山貯水池と小作《おざく》浄水場に分水し、残りの水は小平監視所までの12キロメートルを流れて、この監視所から東村山浄水場に流されることとなりました。このとき水が通らなくなった杉並の浅間橋《せんげん》よりも下流部は暗渠《あんきょ》化されました。

昭和の清流復活

淀橋浄水場が廃止されてからは、玉川上水の導水路としての使命は終わったので、小平監視所より下流では水が途絶えた「空堀《からぼり》」になっていました。しかし、環境問題が深刻になり、自然保護の動きが活発化した１９７０年代を経て、経済的にも落ち着きがみられるようになると、あの玉川上水の水を戻してほしいという声が上がるようになりました。いくつかの動きがあり、ついに

1986年（昭和61年）に「清流復活事業」が実現しました。

私はそのときのことを知りませんが、人々が歓声をあげて歓迎した姿がありありと想像できます。もともとの「江戸市中の飲料水確保」という機能は必要なくなりました。それは安全で効率的な近代水道に置きかわり、安全な水が安定的に確保されるようになりました。もし上水の意味をその点に限定すれば、必要のない水は流す必要はありません。しかし、それでも社会は玉川上水を残した、このことの意味をよく考える必要があると思います。

玉川上水が遺されたことの意義

この時点で2つの選択肢が生じたと思います。ひとつは土地を「有効利用」するために、機能を持たない空堀は暗渠にするか、埋めて別の利用をするというもの。これは現に浅間橋以下が暗渠にあれたことを考えれば十分ありえた選択肢です。これを「暗渠案」とします。

もうひとつが、上水の本体的機能は失ったものの、玉川上水沿いの緑地は市民のいこいの空間としての新たな機能を持っているから、ここを緑地として維持しようというもので、これを「維持案」とします。維持案にはさらに空堀のまま緑地保存をする「維持・空堀案」と水流を復活する「維持・清流案」とがあります。

実際には、維持案のうちの維持・清流案が採用されたわけです。私はこれを英断であったと高く評価したいと思います。振り返ってみれば、当然のように思えるかもしれません。楽しげに玉川上水沿いを散歩する人、あるいはジョギングする人、虫とりや魚とりをする子どもたち、私たちのように植物や鳥、昆虫などの観察を楽しむ人を見ると、維持・清流案以外の選択はないかに思われます。しかし、時代背景を考えれば決してそうではなかったことがわかります。

私は日本橋辺りの立体交差の建造物を見ると、なぜこの歴史的遺産をここまで醜い構造物でかぶせるようにしたのか理解に苦しみます。しかし東京オリンピック前の東京にはそのことに疑問を挟む余地はまったくありませんでした。そのような時代背景を考えれば、暗渠案が選ばれて玉川上水がつぶされる危険はいくらでもあったはずです。そうした中で１９８０年代に日本中でおこなわれた数多くの愚行を、玉川上水ではともかくも食い止めたことの意味を重く受け止めたいと思います。

第3章

観察会の記録——春から秋

3月の観察会――初めての観察会

冬芽の観察会

　玉川上水での自然観察会は武蔵野美術大学の関野吉晴先生のプロジェクト「地球永住計画」の一環として始めました。

　関野先生は「一からカレー」プロジェクトのように、学生に実践させることを重視しておられます。玉川上水の動植物を調べるということもそのような位置付けで、興味をもつ学生がいたら参加させるということでした。

　自然の季節変化を体感してもらうために、冬を見てから春を見てもらおうと思い、3月14日に玉川上水を散策することにしました。

　ところが、当日はあいにく小雨で、しかもとても寒い日でした。そこで、散策はさっと終えて、一部の枝を採集して室内でスケッチすることにしました。

　手始めに玉川上水にもっとも多い、クヌギ、コナラ、イヌシデを紹介しましたが、まだ冬芽の状態だから、幹の樹肌で判断します。

「これがクヌギ、これがコナラ、そしてあれがイヌシデです」

　というと、笑いともつぶやきともいえない声がしました。

「なんで幹をみて樹の名前がわかるんだ」

コナラ（左）とクヌギ（右）の葉を説明する（撮影：武蔵野美術大学棚橋早苗さん）

ということだったようです。

　野外ではいつもそうなのですが、私は注目に値するものを見つけると立ち止まって説明を始めます。今回は植物になじみのない人ばかりなので、基本的な話をするようにしました。この辺りで最も多い木であるコナラとクヌギの葉の区別法を説明したりしました。

　また、去年の秋はコナラが豊作だったので、ドングリがたくさん落ちていました。中には殻を割って「実」が見えているものもありました。そこでクエスチョンを出すことにしました。

「ドングリのお尻とチョンと尖ったのの、どっちが上でしょう？」

　質問の意味がわからないようでした。

「お尻というくらいだから、これが下でチョンのほうが上かな?」

それとも
「帽子をかぶっているみたいだから、こちらが頭でチョンのほうが下かな?」

なんだか意味がわからず、混乱しているみたいです。でも、「お尻」とか「帽子」というのが私たちが勝手にイメージで読んでいるだけで、植物学的なこととは違うことは察しているみたいでした。

「では」

とドングリには悪いが根を出しているものを1本引き抜いて、

「ドングリは秋のうちに根を出します。根は植物の下にあるのだから、根を出すほうが下というのはいいですよね。根はどっちから出ていますか?」

「チョンのほう」

「そうです。だから根が出るチョンのほうが下なので、帽子のほうが上でよいということになります」

「なあるほど」

「というのは実は正しくありません」

と意地悪なことを言いました。

「ドングリの中身は子葉《しよう》です。つまり根を出したのは子葉、つまり双葉《ふたば》です。根を出したあとは同じほうから茎を伸ばして本葉を出します。だから、ドングリのチョンは根よりも上にあるという意味で上ですが、茎を支えるという意味では下になるというわけです」

しばらく観察をしましたが、体が芯まで冷えたので、武蔵野美大の教室にもどって冬芽のスケッチをしてもらうことにしました。

さすがに絵心《えごころ》のある人が多く、すばらしいスケッチをしていました。中にはイヌシデの花芽を分解して、並べている人もありました。シデの花序は苞《ほう》ひとつひとつの

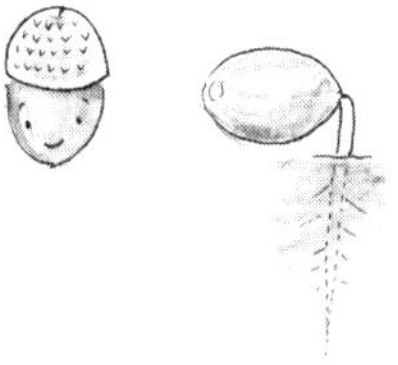
ドングリの上下

コナラのドングリから出た根と茎

奥に花が入っています。まだ伸びる前のものですが、分解するとちゃんと雄しべが見えます。そのことに感動したようすでした。

別の男子学生はつる植物が好きだということで、アカネやツタなどを採集していました。いずれも枯れたものでしたが、ツタには壁などにつくための吸盤があったので、その説明をしました。

つる植物

つる植物はなかなかおもしろい。そもそも陸上植物は自立するのを基本とします。日本のように湿潤な環境では、乾燥による生育制約はあまりないため、生育の制約になるのは光ということになります。実際、植物同士は光をめぐって熾烈《しれつ》な競争をします。そのために高くなれることは有利になります。ヒマワリやオオブタクサのように大型になる草本もありますが、一般には大きくなる植物である木本《もくほん》植物は光合成した一部を支柱である幹に投資して蓄積し、毎年背を伸ばしながら高くなってゆきます。翌年は高いところから枝葉を出せばよいわけで、低い草本などよりも有利になります。しかし生産物のすべてを葉に投資できませんから、着実に幹への投資をしながらの高さを稼ぐということになります。

この点、つる植物は巧みといえば巧み、ずるいといえばずるいことをします。自立することには投資せず、同じ生産物を、もっぱら長さをかせげる茎に投資します。だから、フジやキヅタなどは驚くような高さまで伸びることができます。これらは木本ですが、アカネやヘクソカズラ、ボタンヅルなどは草本です。草本ですから毎年の蓄積はありませんが、それでも数メートルの高さにはなります。つかまる、あるいはからまる木を利用して高さの荒稼ぎをするのです。だからジャックと豆の木の豆の木というのはありえません。あのお話では豆の木が自立してどんどん空に伸びていきますが、それはつる植物ではありえないのです。

つまり、つる植物は数十年もかけて少しずつ伸びてきた樹木にとりついて、その高さを利用してするすると伸びて明るいところまで達し、ちゃっかりと光を利用するのです。

このことはつる植物の生育地と関係します。暗ければ光が乏しく不都合だから、林の中はつる植物に適しません。かといって草原のようなところは、明るくはありますが、からまる植物がありません。その点、一番都合がよいのは林縁《りんえん》です。林縁であれば光もあるし、寄りかかったり、からまったりする木もあります。その意味では林縁の連続のような玉川上水はつる植物にとって好都合な場所といえます。

つる植物はほかの植物はしないことをします。ひとつは巻きつくということです。フジでもクズでも利用する木に巻きつきながら上へ上へと伸びてゆきます。一番先端部は次にどこにとりつくかを探しています。そして先をカギ状に曲げてひっかかるチャンスを狙っています。アカネやサルトリイバラ、カナムグラなどは茎に棘《とげ》やカギのような「ひっかかり」をもっており、ひっかかる確率を高めています。

もうひとつはくっつくということです。適当な太さの木があれば巻きつくことができますが、木が太くなると小さいつる植物では簡単には巻きつけません。大きな岩があれば上に登るチャンスなのですが、巻きつくことはできません。そういう場合、吸盤があれば有利です。その代表がツタ（ナツヅタ）です。ツタは茎からカエルの足のような吸盤を出しますが、それはまさに吸盤そのものので、半円形の皿状のものです。

これがあれば、太い木であれ、大きな岩であれ、登っていくことができます。まったくの平面が広がるということは自然界ではあまりありませんから、人が作った壁は自然界にまれな平面的空間ということになります。庭のある家があれば草本類は低いところに、木は家の壁からある程度離れたところに植えられますから、ナツヅタの独壇場になります。光は燦々《さんさん》と当たり、競争相手はありません。地面からは水が供給されるから、水と光と二酸化炭素という光合成に必要なものはすべて満たされることになります。

ツタ（ナツヅタ）の吸盤

ナツヅタは落葉性で、ただツタといえばこれを指します。これに対して常緑のツタもあり、これはキヅタといいます。欧米にもあり、英語ではアイビー（Ivy）といいます。１９７０年代にアイビールックといって若い男性に流行したファッションがありますが、これはアメリカ東部の大学からはやったスタイルで、東部の大学の校舎にはよくキヅタがあったことからこの名がついたというのをどこかで聞いたことがあります。

そういうわけで、初めての観察会はそれなりに手応えのあるものになりました。これまで何気なく歩いていた通学路の玉川上水が、学生さんにとって少しでも違って見えるようになればうれしいことです。

報告

その日の夜、私は感想とお礼を書き、コナラの冬芽のスケッチを描いて送りました。

リーさんと関野先生から返事が来ました。

3月14日　リーさんから高槻へ

今日の観察会、雨でしたが、学生たちの得たものは大きいと思います。これはスゴいことですよ。とても価値のあることが進行していると思います。こういう体験をするかしないかで、彼らのものの見方、これからの生き方が全く違って来ると思います。

コナラの冬芽のスケッチ（高槻）

3月14日　関野先生から高槻へ

高槻先生

今日は寒い雨の中、観察の指導をしていただきましてありがとうございました。若者たちもいつもと違う風景の玉川上水を感じていたと思います。ほとんどが「一からカレー」、「モバイルハウス」、「青梅での芸術と循環の森」などに参加している関野ゼミの学生です。土や動物、草木が似合っている若者です。

高槻先生の冬芽の絵を見てため息をついてしまいまし

た。医学生時代、病理組織の絵を描きましたがへたくそでした。観察力の欠如かもしれません。輪郭は描けるので、それだけは描いていこうかなと思います。

3月21日の観察会
——早春の植物、その暮らしを見ること

二度目の観察会

春のうちは植物がどんどん生長していくので、観察会は頻度を高くしたほうがよいと思い、3月21日にも開きました。今回は少し上流の玉川上水駅駅から、前回出発した鷹の台駅までの約5キロメートルの距離を歩くことにしました。

この辺りから上流は両岸は石垣でがっちり固めてあり、水の量も多く、上水のようすが違います。玉川上水駅から東、つまり下流に向かって歩き始めました。アセビやヒメオドリコソウなどが咲いており、春らしい日差しが気持ちよく感じられました。

この日はヒメカンスゲが咲いていたので説明したのですが、名前を伝えただけではあまり意味がないし、聞くほうも「あ、そうですか」で止まってしまいます。それで、雄花と雌花があることを説明すると、

「こんなのでも花があるんですか」

と来ました。

「種子植物にはどれも花があります。いわゆる華やかな花は虫に花粉を運んでもらうために、虫を惹きつけようとして華やかな花になっているけど、スゲは風に花粉を運ばせるので、目立つ必要はないので地味なんです」

玉川上水駅から上流を見る

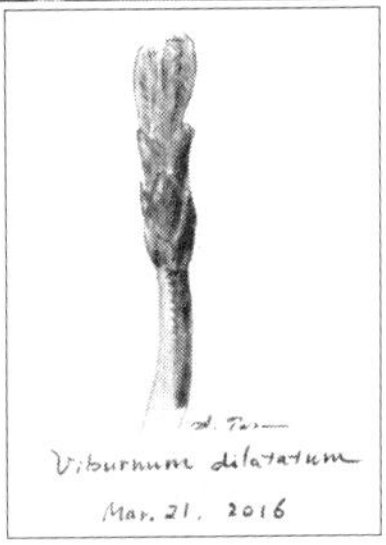

スケッチブックをとりだし、ガマズミの新芽のスケッチをした（撮影：棚橋さん）

「へえ」

「虫に花粉を運ばせるのが虫媒花、風のほうは風媒花です」

「へえ」

「中学校で習いましたよね」

「そういえば、習ったような」

そんな調子で枝の対生と互生、単子葉植物と双子葉植物の違いなどを伝えながら、「ああ、このくらい知らないのだ」と探りを入れてゆきました。

スケッチ

そうしてポイント、ポイントで立ち止まって説明しましたが、少し人数が多くて、ただ歩いているだけの人もいたので、スケッチをしてもらうことにしました。ガマズミの芽がふくらんでいたので、ひと枝を選びました。

「美大の先生や学生の前でスケッチするというのはばかられますが……」

鉛筆で輪郭を描き、色鉛筆で着色してから、筆に水をつけてなぞると色がとけて水彩画のようになります。それを使ってガマズミの冬芽にえんじ色や新しい葉のあざやかな緑色を表現しました。

関野先生（左）と記念撮影

スケッチをすると対象物をよく見るので、観察にはとてもよいことです。ひととおりスケッチを終えたので、また歩くことにしました。

　この先は、玉川上水の水面近くまで降りられるスポットになっており、深く掘られた上水のようすがよくわかります。ここで関野先生と記念撮影しました。

バイモがある

　しばらく歩くと、なんとバイモがありました。バイモはどこにでもある植物ではなく、出会えば「やあ、こんなところに咲いていたの」という感じです。私から質問をしました。

「ここにちょっと珍しい植物がありました。この場所は今までと違う気がしませんか？　何が違うと思いますか？」

　しばらくして
「上に木がない」

「そうです。ここは送電線が走っているので、安全のために木を伐っています。そのため光が地面にあたって明るいので、ほかの場所とは違う植物があります。」

　そうしてバイモの説明をしました。この植物は植物好きからすると、全体に「ただならぬ」感じ、「まれびと」感があります。それは直感的なものですが、しいて理由を考えると、葉の色がやや白味がかり、形も細長くすっきりしている点が特別感を与えるのかもしれません。上のほうの葉はくるりとかぎ状に曲がっています。それになんといっても花が思いがけず大きく、クリーム色で下向きに咲いています。そのクリーム色もただプレーンでなく、なんとなく異質感があります。そのわけは、花の内側に特殊な模様があり、それが隠し味のようになって表に見えているからです。花の中を覗いてみると、濃いエンジ色をバックに、白い丸がある不思議な模様があります。思えば、花にとってはお客さんである昆虫にどう見えるかが問題なのですから、こちらのインテリアが「おもて」であって、人がみる外側のほうが「うら」なのです。

　バイモはユリ科であり6枚の花びらに見えるもの花被片《かひへん》のうち、外側の3枚は萼《がく》です。チューリッ

バイモとその花（内側）

プも同じで、そういえば、上下は逆だが花の形は似ているといえば似ています。

変わった植物

解説を終えて進むとミミガタテンナンショウが目に入りました。これはマムシグサの仲間でも一番早く開花するものです。ここでまた説明をすることにしました。

「この植物を知っている人?」

しばらく誰も答えませんでしたが、ある人が

「……マムシグサ」

「そうですね、マムシグサの仲間でこれはミミガタテンナンショウといいます」

私はだいたいにおいて小さい花が好きで、ニリンソウとかハコベの仲間、スミレなどがあると喜ぶほうですが、どういうわけか、大柄できれいでもないマムシグサの仲間には何か魅かれるものがあります。それで解説にも力が入りました。

「テンナンショウというのは天地の天、南北のみなみ、それに星と書いて天南星(テンナンショウ)です。マムシグサともいいますが、それは植物体全体がなんとなくヘビを連想させるからです。英語ではJack-in-the-pulpitといいますが、pulpitというのはキリスト教会の牧師さんが説教する背後にある覆いのようなもの、ジャックは男の子ということです。ヘビの頭のようなのが花序を包む仏炎苞《ぶつえんほう》というもので、立派な仏像は背後に模様がありますが、それを仏炎といい、それに似た苞ということで、円筒状で上が横に向いて開いています。ヨーロッパでも日本でも宗教と関係しているのはおもしろいことです。」

ミミガタテンナンショウ

「ミミガタって?」

「仏炎苞を開口部の左右が外に広く広がっているのを、耳が大きいという意味でミミガタと名付けたのだと思い

ます」

「おもしろいのは、小さいものがオス、大きいものがメスで、一生のあいだにオスからメスに性転換することです。実《み》をつけるのに物質配分する十分な大きさがないとメスにはなれないということです」

「ええ？　性転換？」

「え、どういうこと？　オスが変化してメスになるの？」

「はい」

「そんなにすぐに変われるの？」

「季節の中で変化するのではなく、その年はオス、翌年すこし大きくなったけどまだオス、十分大きくなった年にメスという具合に、何年もかけて大きくなり、性転換するんです」

「あ、そういうことか、わかりました」

「もっとおもしろいのは、この花はハエの仲間に授粉してもらうのですが、雄花《おばな》に入る場合、花は上の口から入って仏炎苞の中に入り、下のほうにある雄花の花粉をつけたら、筒の下に隙間があるので、そこから脱出して、雌花に行き、花粉をつけます。ところが雌花《めばな》のほうは隙間がないので出られません。かといって上に飛び出ようとしても、狭いし、壁はつるつるなのですべって上がれません。それで雌花の仏炎苞の下にはハエの死体があります」

「へえー」

「隙間って、どれ？」

「はい、これです。これは隙間があるから雄花みたいです」

「あ、ほんとだ」

と、ずいぶん盛り上がりました。

植物の名前を覚えるだけではなく、暮らしぶりを知ることのほうが当然おもしろいものです。

「人でもそうだけど、名前を知るのは大事です。でも、名前を知ったらその植物を知ったような気になるのは大まちがいです。それも人と同じです。その植物がどう工夫しながら生きているかを知るのはほんとにおもしろいんです」

こういう観察会を通じてそういう機会をできるだけ作りたいと思いました。

４月の観察会
――春たけなわ、にぎやかな花

明るい場所の植物

つい２週間前に見たときとは緑の量がまったく違い、木々の命が溢れているという感じです。

鷹の台駅の近くにある鷹の橋から下《しも》つまり東に向かって歩いていきました。この辺りは木の状態がよく、緑地の幅も広いので、林内に生える植物がわりあいよく残っています。シュンランは盛りをすぎていましたが、チゴユリが咲き始めていました（口絵図２）。これらも林内に生える植物で、都市化すると消えてしまう植物のひとつです。フデリンドウも愛らしい花を開いていました（口絵図２）。

そこから府中街道を横切ると、上の木が刈られていて、明るい一角があります。ここで次のような話をしました。

「そこにケヤキの切り株があります。ここはもともとさっき歩いてきたところのような薄暗い場所だったはずですが、この木を伐ったので、明るくなったようです。今まであったチゴユリやシュンランなどとは違い、ハルジョオン、ショカツサイ、ノカンゾウ、タンポポなど、直射日光が当たるようなところに生える植物がびっしり生えています」

シュンラン（左）とショカツサイ（右）

「これはなんですか」

「あ、オニタビラコです。キク科です。こちらはノゲシで、これもキク科」

「植物は一般に明るいほうが光合成ができますから、つごうがよいわけですが、植物によって違いがあり、『暗くても大丈夫』か『暗いとだめ』かがあります。こういうところに生えているのは『暗いとだめ』のほうで、道端や空き地、草地などにしかないものです。林内にある植物は明るいとだめということはないのですが、明るいところに生える連中は生長がいいので、土地を占拠してしまい、林内の植物は入り込む余地がないというわけです。

逆に林内の植物は弱い光でも有効に利用できる能力があり、草地の植物が育つことができないところで、ゆうゆうと生きるという選択をしているわけです。

玉川上水の価値はこういう林があるために林内植物が温存されているところにありますが、でもところどころにこういう明るいスポットがあることで、違う性質の植物群があり、全体として生物多様性が高くなっているといえます。さっきからキチョウがチラチラと飛んでいますが、こういうチョウは林にはいません。これから昆虫がいろいろ出てくると、花に訪れて受粉をしますが、花と昆虫の結びつきという点でもこういう明るい場所があることは重要です」

ムラサキケマンの花の作り

ムラサキケマンがあったので、昆虫の受粉の話をしました。

「ムラサキケマンの花をよく見ると、茎から柄が出て、その先に花がついていますが、先端という感じではなく、細長い花の途中を支え、かたかなの『イ』の字のように花が柄を軸にして斜めについています。花の正面には模様があって、昆虫はここから蜜を吸いに入るのですが、蜜は柄の奥にある筒の奥にあります。この筒を『距《きょ》』といいます。スミレやツリフネソウなどにもあります」

「だから、細長い口をもつチョウやハチでなければ蜜が吸えません。ハエやアブは棍棒のような口で舐めるだけで、こういう花からは蜜が吸えませんから、キンポウゲとかミツバツチグリのような皿のような花によく行きます」

ムラサキケマンの花。右側の距の手前部分をピンセットで取り除いたら、中に蜜があり、舐めたらほのかに甘い味がしました

こういう説明をすると、学生の多くは、そういういろいろな花があるものだ、この人はいろいろ知ってるなあ、という顔をしてメモをとります。そして「暗記」をしようとします。理科とはそういう雑多な知識を覚えるもので、暗記する

皿形の花のキンポウゲ（左上）とミツバツチグリ（左下）と距をもつスミレ（右上）とツリフネソウ（右下）の花

生徒がよい点をとるのですから、そういう感覚が育つのは当然です。でも、今日の参加者はちょっと歳を食った人（失礼）が多いようでした。私の説明を聞いて納得はしながらも、少し考えて、

「なんのためにそういう意地悪なことをするんですか。そうすると来られる昆虫が限定されて、よくないんじゃないですか」

　これはたいへんまっとうな質問です。確かにそうです。

「そこがおもしろいところで、皿型の花は『誰でもいらっしゃい』ですから、ハエやアブは来るが、彼らは次になんの花に行くかわからない、いわば頼り切れない花粉運び屋です。せっかくの花粉がほかの花に運ばれるのは困るわけです。その点、たとえばマルハナバチは記憶力がよいらしく、その日、ムラサキケマンに行くとなると、ほかの花があってもスルーしてムラサキケマンばかりを訪問するそうです。そうして一頭のハチをずっと追っかけた人がいるんですね。その人にも驚きますが（笑）。だから、特定の昆虫しか来させないが、来た昆虫は信頼できるスペシャルゲストなわけで、距をもつ植物はそういう選択をしたというわけです」

「へえー」

「でね、これを私は一杯飲み屋と高級バーにたとえました。客数は多いが、たらふく飲んでも３０００円くらい

という一杯飲み屋は、客数をこなして稼ぎます。それに対して高級バーは客数は少なく、ゆっくり、ちょっとだけ飲んでも一万円（もっと高いか）。特定の客にしっかり払ってもらいます。仕事は楽（なにが楽なんだかよくわからんが）だが、設備費や人件費がかかる。どちらがよい商売かは別として、そういう違いがあるということです。これを高級フランス料理レストランとファストフード店にたとえた人もいます」

「おもしろーい！」

植物の利用など

この日、少し思いがけない話題展開もありました。アケビが花を咲かせていたので、だいたいその辺りを指差しながら、

「この辺りにいいものがあります。なんでしょう？」

と言いましたが、なかなか見つかりません。私は視力はよくないのですが、自然の中から花とか虫とかを見つける目はかなりよくて、なにかそちらから信号を出しているような感覚があるのです。誰も見つけないので、

「はい、あれがアケビです」

「アケビって、あの大きな実がなるやつ？」

「こんな花してるんだ、けっこうきれいかも」

「きれいですよ。それと葉が5枚に別れていますが、これで一枚の葉、複葉です」

と説明していたら、ウコギがあったので、これも同じように5枚に別れた複葉ですが、小葉に柄があるかないかが違うと説明しました。

アケビの花（左）と葉（右）

「ウコギって材を筆みたいに使うんです」

と美術関係者らしい発言がありました。カマツカがつぼみをつけていたので説明をしていたら、

「カマツカって、ウシコロシでしょう？」

「そう、よく知ってますね。叩いてウシが殺

せるほど硬いっていうことだそうですよ」

「私は石彫をしてたんだけど、そのときのハンマーの柄がカマツカだと聞きました」

「カマツカって、鎌の柄《つか》ってことじゃない？」

「あっそうか。硬いってことね」

「そういえば、ナナカマドという名前も、材が硬いので7回かまどに入れて焼いても燃え尽きないということらしい」

「それにしても、この木は硬い、これは硬くないって、昔の人はいろいろ試して見つけていったんだよね、すごいもんだ」

「だから年寄りが尊敬されたわけだ。人生の経験が知恵として伝わったんだから、年寄りが若造は知らないことをたくさん知っていたわけだ。いまは、スマホとかタブレットとか新しいものがどんどん出てくるから、若者のほうが物知りみたいになって年寄りが尊敬されなくなってしまってる。困ったもんだ」

アケビ（左）とウコギの葉（右）

こういうふうに、植物学的な話題よりも人による植物の利用とか、名前の由来に興味を持つ人もいます。

「先生、食べられる植物と食べられない植物の見分け方ってないんですか？」

という人もいました。

「それは無理です。キノコなんかいかにも食べられそうでも毒のもあるし、ハデハデで毒キノコみたいでも食べられるのもあるし」

「そっか」

「でも、野生の植物を食べられるかどうかっていう目で見る感覚は重要だよね。いまは食材というものはスーパーで買うものっていうことになってしまってるでしょう。それが極端になりすぎている。本来は自然の中から探したわけで、日本だって少し前までは、野草を食べたり、魚をとって食べたりしてたわけだから」

「関野先生の『一からカレー』プロジェクトはそういうことに挑戦しようってわけでしょう。いまはカレーを『作る』というのが米と肉とカレーのもとを買ってきて、炊いて、加熱することになっているけど、本当に作るっていうことの意味を考えると、米を育て、ニワトリを飼い、カレーのもとはどこまで遡るか知らないけど、そういうことをしてみる。それによって、食べることの根本に立ち戻るというのが、いかにたいへんなことであるかを実感しようというものでしょ、大事なことですよ」

　植物をきっかけに話題が拡散、深化します。急ぎ足で通り過ぎる人が多いですが、こういう時間の過ごし方もいいものだと思いました。

解説をする（撮影：棚橋さん）

　あとでリーさんから参加者に向けてメールが届きました。

　リーさんより

棚橋様

　写真とてもきれいに撮れてますね。送って頂き、ありがとうございます。今日、もう一度フデリンドウが見たくて、いってみました。でも見つかりませんでした。何度も往復したのですが見当たらず、がっかりして帰りました。玉川上水に、このような花が存在していること、まったく知りませんでした。あの日は、とても貴重な一日でした。

リー智子

　高槻より

リー様、皆様

　フデリンドウは曇っていると花を閉じます。今日は晴れたり曇ったりだったから閉じていたために見つからなかったのではないでしょうか。あの独特のさわやかな薄紫色はカメラでなかなか再現できないのですが、棚橋さんの写真はよく出ていました。

卒業生との散歩

久しぶり

　2月だったでしょうか、私が勤めていた麻布大学を卒業して5年ほど経つ学年から研究上の連絡があり、いろいろ情報交換をしていたのですが、メールでのやりとりばかりもつまらないので、久しぶりに会いましょうということになりました。私は小平に住んでいるのですが、小平駅の近くに感じのよいレストランがあるので、そこで昼ごはんを食べてから玉川上水を散歩することにしました。

芽吹き前から玉川上水の散歩を何度かしながら、約束の日を楽しみにしていました。

春はいつでもそうですが、寒が戻って震えるような日もあります。でも、約束の4月9日は春らしい陽気になりました。

近況を話し合ったりしてゆっくりとお昼を食べました。女性4人だからにぎやかです。この学年は私が麻布大学に移った年に入学してきたので、私にとっても印象が強い学年です。1年生のときから野外調査に参加してくれたので、あちこちの野山に行ったものです。そして3年生になると研究室に所属し、それぞれ卒業研究を一生懸命してくれました。

そのうちの一人は幼稚園で働いていますが、そこでは子どもを自然の中で遊ばせるようにしているそうです。毎月オリジナルの自然ものパンフレットを作っていということで、それをもってきてくれました。彼女はもともと生きものと絵が好きで、好みがオーガニックというか、ふんわりしているのですが、作品にもそのことが反映されていて、私たちは歓声を上げたのでした。そういえば、今回集まった面々は生きもの好き、絵を描くことも好きというタイプでした。

外に出ると庭にいろいろな花が咲いており、しかもその名も「グリーンロード」と呼ばれる道路につながっています。自動車は通らない道で、ちょうどサクラが満開、おしゃべりしながら歩く人、ジョギングを楽しむ人などが通りすぎます。新緑が私たちを気持ちよく包んでくれました。

玉川上水を歩く

ここは玉川上水には少し離れているので、電車で玉川上水駅まで移動し、そこから上水沿いを歩くことにしました。玉川上水駅は名前のとおり、出てすぐのところに玉川上水があり、橋に近づくと盛りを過ぎたサクラが見

玉川上水の「底」から眺める（撮影：嶋本祐子さん）

え、下を見ると滔々《とうとう》と清流が流れています。思うにサクラの木のある駅はよくありますが、清流が滔々と流れている駅というのはそうはないのではないでしょうか。しかもそれが東京にあるのです。

　そこから下流、つまり東に向かってゆっくりと歩くことにしました。コナラやクヌギの木が多く、4月になると急に葉が開いてきました。ポカポカ陽気に、

「いいところよねぇ。歩くだけで気持ちがいいな」

　と楽しげです。流れを見下ろすとカルガモが泳いでいました。その先は小平監視所で、玉川上水の水路に近づけるところです。降りて流れをながめました。ひんやりした感じがしました。

植物の話

　歩道に出て、葉脈の説明をしました。

「イヌシデの葉は中肋《ちゅうろく》から60度くらいの角度で平行脈が出るんだけど、ガマズミの葉の、平行を基本としながら、基部のものはその平行線に対して一定の角度で別の平行線を出すんだ。これガマズミの仲間とかマンサクの特徴」

「あ、ほんと。おもしろい」

明るいところを歩くと、雑草が花を咲かせていました。

イヌシデ（左）とガマズミ（右）の葉

「ヒメオドリコソウだ。これはナンチャラハコべ？　スズメノナンチャラとか、この辺のやつはむずかしいって教わったことは覚えてる」

「私も」

「そういえば……」

　と学生時代の話にな

り、会話はとめどなく続きます。

チゴユリがあったり、アマナがあったりしてよろこびました。

「ユリ科の花の3数性のこと、覚えてるかな？」

「サンスウセイ？」

「あ、なんか聞いたような」

「ユリ科っていうのは大きなグループで、いわゆるユリの仲間もあるし、このチゴユリやカタクリなんかは直感的にもユリ科だってわかるけど、たとえばサルトリイバラとかネギなんかはちょっとユリと同じ仲間とは思えない。でも、花の基本数が3だということはちゃんと一貫している。ユリの花は6枚の花びらだと思われているけど、外側の3枚は萼《がく》、内側の3枚が花弁で、見た目に同じなのでまとめて花被片と言うんだ。それだけじゃない、メシベの先端の中頭が3つに分かれているし、つけねの子房も内側が3室に分かれている。それで『3数性』と言うんだ。ほら」

「あ、ほんとだ。おもしろい」

「リンネは知ってるよね。偉大な科学者だけど、敬虔なクリスチャンでもあったんだ。僕たちは中世の魔女裁判とか、天動説とか、宗教は非科学的なものだというイメージがある。でも、それは今から昔をながめてそう思うだけで、時代が進めば僕らも『あんなことがわからなかったのか』と言われるに違いない。その時代に人々がどう考えていて、その中で科学者が何を明らかにしたかを知るのは大切だけどなかなかむずかしい。分類学は複雑な規定があるし、図鑑の記述を見てもややこしくて頭が痛くなるし、知っている人にはわかるが、知らない人は近づけないというような感じがあるよね。でもリンネはそのことに挑戦したんだ。いろいろなユリ科の植物を見て、専門家はパッとわかる。それを誰もが分かるにはどうすればよいか、そのことをリンネは考えた。葉や茎などは環境によっても変化するが、花は種子を作って次世代につなぐ重要な器官だから安定していて、その種の本質が詰め込まれている。だから花を客観的にだれにでもわかるように分けようとしたんだ。そのよい例がユリ科。ユリ科の花は3を基本としている。そこを見ればだれでもわかる。そういう工夫をしたんだ」

「へえ」

「それは神様が偉大だという信念に基づいている。ここがわかりにくいんだけど、神に全幅の信頼を置くということ、理屈なしに信じるという感じがして、客観性を捨てた主観的で不正確なものだと思う。でもリンネはすぐれた植物分類学者で、植物のことを知り尽くしていたから、調べれば調べるほど生きものの体はよくできているということがわかっていた。だからこそ、『神の御業《みわざ》は細部にまで宿る』と考えたし、実際、顕微鏡の発達などによって、信じられない微細構造があることがわかり、そのことで被造物のすばらしさへの確信が深まった。科学は神の御業の素晴らしさを実証できると考えていたんだ。だからこそ、科学的に調べることが大切だと考えた。被造物の賛美だよね」

「へえ」

「学名だってそうだ。神の作られた生きものは同じものなのに、各国で別の呼び名をつけている。それが混乱を生んでいるから、被造物のすばらしさを讃えるために、人々は国境を超えて同じ名前で正しく動植物を知るべきだと考えて、学名を提唱したんだ」

「そうなんですね」

気楽な散歩のはずがちょっと講義っぽくなりました。

ゆったり散歩

玉川上水から鷹の台という駅までは3・5キロメートルほどですから、すたすた歩けば1時間ほどのはずなのですが、その日は1時すぎから歩き始めて1時間ほど経っても半分も進んでいません。

「何時までに帰らないといけない人っている？」

「何時でもいいでーす」

「あ、そう。じゃゆっくり行こうか」

あれこれ見つけて写真を撮ったり、小さな橋をわたって玉川上水の新緑を見たりしながら進みました。ときどき

「せんせーい！」

と質問があり、それに答えたりしながら、また進みます。

玉川上水にはあまりないのですが、ヒトリシズカを見つけました。みんなよろこんで

散歩の途中でひとやすみ（撮影：坂本有加さん）

写真を撮ったり、ゆっくりながめたりしていました。そこに年配の女性が通りかかって
「ヒトリシズカね、フタリじゃないわよね」

「ああ、ヒトリですね」

「カタクリは見ました？」

「はい、見ましたけど、もう花は終わってました」

「そうよね」

といって立ち去りました。

あとで、

「玉川上水ではときどき、ああいう会話があるんだよね。ぜんぜん知らない人に、誰ともなく話しかけられることがあるんだ。こういうのって都心じゃないよね」

「そうですよね」

「でも、さっきからさりげなく先生の話を聞いている人がいましたよ」

「えっ、そうなの？」

ヒトリシズカ

「ええ、なんとなく植物を知ってそうな感じがわかるんじゃないですか……」
「そうかなあ、そんなことはないと思うけど」
とたわいのない会話。

考えてみれば、こうして花の名前や開花のことを知らない者どうしが会話できるということそのものが、なにか貴重でありがたいことのように思えます。最近はテロだとか虐待だとか、胸のつぶれるような話題が多くて、気持ちが塞ぐことが多くなりました。それを思うと、こういうささやかなことに救われたような気がします。それは心にぽっと灯火が点《つ》いたとでもいう感じとでもいえるでしょうか。でも、それはＬＥＤのような煌々とした明るさではなく、ろうそくのように、とろとろとした明るさのものです。


そのあとでホウチャクソウのつぼみを見つけて近づくと、おかしなものがあるのに気付きました。

「あ、これキノコだ。図鑑で見たことがある」

「え、どれですか？」

アミガサタケ

「これだよ。あ、こっちにもある」
「あっ！　これアミガサタケですよ。すっごいおいしいんですよ」
「えっ、食べられるの？　キノコって秋のイメージだけど、今頃出てくるんだね」
あとで本を見たら、確かにフランス料理でも高級な食材だということでした。もちろん採りはしませんでしたが。

喫茶店で

予定の時間を大幅に過ぎてしまいましたが、みんな明日の日曜日は休みだというので、鷹の台のおちついた喫茶店に入って一服することにしました。私はさっきコーヒーを飲んだので、紅茶にしたのですが、みんなはケーキセットとコーヒーを頼みました。それを聞いたらなんだか私もケーキを食べたくなって「あ、じゃ私もケーキセット」といったらみんなが爆笑しました。

玉川上水のパンフレットがあったので、今日のルートを見なおして、

「たったこれだけの距離を、ゆっくり歩いたもんだよね」

「ああ、楽しかった」

「うん、うん」

あれこれ話をして、

「退職したのに、なんだかんだけっこう忙しくてね」

「そうみたいですね」

「でも、講義と会議がない、この解放感ね、なんともいえないよ。自分のやりたいことだけをやれるからね。実はさ、毎日、自分の部屋でタヌキの糞分析をしてるんだ。実体顕微鏡と光学顕微鏡を置いて覗いてるよ」

「え、いいなぁ」

「だいたいCDを聞きながらなんだけど、これがなかなかいい時間なんだ」

「へぇー」

「顕微鏡に飽きたら、論文を書くんだ」

「飽きたら論文ってのが違うよね」

と話は尽きません。

「楽しかったから、また会うことにしよう。私は時間がとれるから」

「ぜひ、ぜひ」

卒業してからも付き合ってもらえるのだから、本当によい学生たちと出会えたものだと思ったことです。

あとでそのうちの一人からメールが届きました。

高槻先生
4月9日の玉川上水散策では、本当にありがとうございました。高槻先生の後ろをみんなでついて歩き、生物のことを教えていただき、知らないことにわくわくして、興味のままに歩いたり止まったり……とても懐かしく、贅沢で、幸せな時間でした。

今回と違う季節の頃も、ぜひ散策してみたいと思いますので、よろしければ、またご一緒させていただけたら大変うれしいです！

集合写真など添付させていただきます。

またお会いできる日を楽しみにしています。

5月8日の観察会
——季節の移ろいと調査の試み

4月という月
4月の1カ月は玉川上水の景色を一変させます。無彩色だった林が芽吹き、淡い緑色が出た頃、橋に立つと玉川上水は遠くまで見通せます。ところが、その緑、つまり一枚一枚の葉が無数に重なりあうことで、あっという間に緑が濃くなり、下旬になるとちょっと先も見えないほどになります。津田塾大学の東に鎌倉橋という橋があります。そこで撮影した写真4枚を見ればそのことがよくわかります（口絵、図1）。

リンク（生きもののつながり）を調べることの意義
5月ともなると、肌寒い日もあれば、暑いと感じる日もあるようになります。そういう日は昆虫も活発に動きます。私はある意図があって昆虫を調べてみたいと思っていました。そして昆虫の調査の提案をしました。それは昆虫が、私が示したいと思っていることに適していると考えたからです。

生きもののつながりのことを私は「リンク」と呼んでいます。リンクというのは、頭の中でなんとなくイメージされても、具体的にどういう関係があるかは実はよくわかっていません。それは、学問が細分化され、専門家は狭い分野しか対象としないためです。私は、自然界で起きていることを説明するにはそうした局所的な視点は有効ではなく、それよりもリンクの視点のほうが有効だと思います。そういうつながりを調べるのに、昆虫は適しています。というのは、昆虫は種類が多く、いたるところにいて、さまざまな生き方をしているからです。

リンクを示すには生きものの生活を知ることが大切です。よく、自然はすばらしいから保護しなければいけないと言われます。ですが、そこでいう「自然」とは、多くの場合、屋久島や知床のような原生的自然であり、それは貴重だから大切に守ることは誰でも同意します。しかし、日本列島にそのような原始的自然はごくわずかしか残されておらず、大半の自然は人がなんらかの影響を与えることで成り立っています。例えば、雑木林は人が管理してきた林です。そうであれば、その影響がどういうものであるかを正しくとらえることが必要なはずです。

そういうときに、大切なのは「いる、いない」ではなく、「どう生きているかを知ること」です。なんでもよい、たとえばアリがいることを考えてみましょう。アリが生きるためにはアリの食べ物になる生物が不可欠です。そのためには一定の面積に最低でも数種の植物があって、その植物を利用する動物がいる必要があります。それも1年を通じて、です。それに多くのアリは巣を作ります。その巣を作るための土壌的条件なども必要となります。そうしたことをもろもろ考えると、ひとつの動物が生きるということの奥行きが想像できようというものです。

もうひとつの大切なことは「数が少ない生物が貴重ではない」ということです。数が少ない生物を守らないといけないということには多くの人が同意するでしょうが、だからといって、そのほかの生物は守らなくてもよいことにはならないはずです。ですが、実際にはそのことがしばしば横行しています。トキがいなくなったことは大問題で、その復帰が大事業として進められていますが、その一方で、どこにでもいたメダカが絶滅危惧種になってしまいました。あるいは、気象庁が季節の訪れを知らせるために観察記録をとってきた動植物のうち、トノサマガエルなどがいなくなったために、対象からはずされました（2016年3月5日、朝日新聞）。これは、「珍しくもない生物は守らなくてもよい」という姿勢の悲しい結果だと思います。ありふれた生きものを大切にすることの意味は深いものですが、一言でいえば、小さな命に対する慈しみの心だと思います。こう言ってしまうと、古くから言われてきた使い古した言葉のように思えますが、私はそのことを、生物学を通じて伝えたいと思います。そのことを示すのに、生物の形が合理的であることとか、あるいは生物の美しさを伝えるという方法がありますが、私は生きものがつながって生きていることを示すのが一番良い表現法だと思います。それをするのに、さまざまな動物の中でも最も多様で、どこにでもいる昆虫がふさわしいと思うというわけです。これについては7章で紹介します。

春の花

この日の玉川上水は緑も濃くなって夏のような景色になっていました。林の中は薄暗く、葉が生い茂って水面があまり見えないほどです。

ウグイスカグラの果実（左）と種子（右、格子間隔は 5mm）

この前の観察会で花を咲かせていたウグイスカグラが赤い実をつけていました。

「この前までピンクの花をつけていたウグイスカグラが実になりました。熟すと半透明できれいです。あんなに花があったのに果実はあまりありませんが、これは鳥が食べるからです。よくヒヨドリやキジバトがきてついばんでいます。果実の中には扁平なタネが数個入ってます」

しばらく歩いていたらノイバラが咲いていました（門

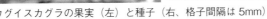

絵、図2)。

「どうですか、この清楚な美しさ。これを見ると、サクラやウメの仲間だってわかるよね。私たちはバラといえば、赤くて花びらが重なり合ったものを思い浮かべる。そして、艶《あで》やかで豪華な花の代表のように思う。それは原種を『改良した』ものだけど、私はこの野生のバラのほうがよほどきれいだと思うな。たぶんヨーロッパの文化に艶やかで豪華なものへの志向があり、そういうものを選抜したのだろうけど、それが『改良』、つまりよいほうに変えたと言えるだろうか。中国のボタンも同じだと思うな」

「学名はローサ・ムルティフローラ Rosa multiflora、『花がたくさんつくバラ』という意味です。よく似たのがヨーロッパにもあって、それを改良したのがバラなんだ。『庭の千草』っていう歌を知ってるでしょう?」

「知りません」

「え、知らないの?」

と言って私は最初のところを歌ったのですが、メロディーを聴いても知らないということでした。誰でも知っていると思っていたので、驚き、がっかりしました。

「そうか。じゃあケルティック・ウーマンは?」

「知りません」

「困ったな、ケルティック・ウーマンっていうのは、すばらしく声のきれいなグループで、声だけでなく美人揃いなんだけど、そのレパートリーのひとつにこの歌がある。『庭の千草』は日本の歌では白菊になっていて、日本の秋を歌っているけど、もともとはこの野ばらを歌ったものなんだ。現題は"The last rose of summer"夏が終わって散ってゆく野ばらの儚《はかな》さを歌ったもので、アイルランドの国民歌なんだよ。アイルランドは19世紀に飢饉があって、たくさんの人が難民のようにアメリカに渡ったんだけど、植物の好きな民族でナショナルカラーが緑。貧しかったアイルランド人たちは機会あれば集まってこの歌をうたって連帯感を強めたと言われてるんだ。それには豪華なバラではなくて、野ばらでなくちゃね」

明るい場所にはコゴメウツギが咲いていました(口絵、図2)。小さな花がかたまって咲く、なかなか好感のもてる花なのですが、この花はよく見ると複雑な形をしているのは知っていました。5枚の「花びら」のあいだにチョンと尖った「飾り」があるのです。ただ、その「飾り」があるのは雄しべがきれいな旬《しゅん》のものだけで、多くのものは「花びら」だけしかありません。ところが、そう思い込んでいたのは私のまちがいで、確認したら、「花びら」と思っていたのは蕚で、「飾り」が花びらでした。どうやら花びらは落ちやすいようです。

ノイバラやコゴメウツギもそうですが、マルバウツギ、ガクウツギ、エゴノキなど、この日は白い花が目立ちました（口絵、図2）。早春にはウグイスカグラのピンク、スミレ類の薄紫、クサボケの赤、外来種ですがオオイヌノフグリの空色、ホトケノザやヒメオドリコソウのピンクなどさまざまな色の花が咲いていました（口絵、図2）。それに比べて、この季節になると白い花が多くなります。私は、これはこの季節にぐっと多くなる昆虫が白い花を好むものが多いためではないかと思います。

コゴメウツギの花

森林ギャップ

私は少し保全生態学的な話もしようと思い、ある場所で立ち止まりました。

「私から質問です。私はなぜここで立ち止まったでしょう？」

返事がありません。私が立ち止まった場所にはとくに花もないし、特別の木もありません。

「向こうを見てください」

と私は水路のほうを指差しました。

「どういうわけか、この部分は上の木がなくて、光がさし込んでいます」

みんながうなずきました。でも、「それがどうした？」という顔です。

「光が射せば、明るいから植物が育つ。育てば光合成ができて花をつけることができる。見てください、見える範囲だけで何千もの植物があると思いますが、花をつけているのはごく一部です」

水路の脇にマルバウツギが花を咲かせていました（口絵、図2）。

「花が咲けば虫が来ます。見てください、ハエやハチがブンブン飛んでいます。こうして、林に隙間ができると賑やかになります。こういう隙間を『森林ギャップ』あるいは単に『ギャップ』と呼びます。

ということは、林は連続的にうっそうとした状態が続くほどよいわけではないということです。こういうギャップは原生林にもあって、台風で高齢の木が倒れてギャップができます。そうすると、その下の地面で眠っていた種子が発芽するし、そこで細々と生き延びていた植物が急に育つようになります」

たまたまですが、私が立ち止まった場所は玉川上水を横切る道路をつける計画になっていて、玉川上水の北側にある木立ちにはすでに金属棒で組んだ柵のようなものが作られ、立ち入り禁止になっていました。

「この話はちょっと微妙です。ちょうどここは道路がつく予定になっている場所です。いまのギャップの話を開発派が聞けば喜ぶかもしれません。『林はずっと続くうっそうとしたものより、ときどき隙間ができるほうが生物多様性が高くなる』という部分だけをとりあげて、『だったら、ところどころに道路があるくらいのほうがいいということになる』と悪用されるかもしれません。しかしそれはまったく違います。ギャップはあくまで林の下の地面が健全であるということが大前提です。地面はただの土砂、つまり鉱物でできた岩が砕けたものでできた土台のようなものではありません。長い時間をかけて植物の枯葉などの有機物がつもり、そこに微生物や小さな生物がいて活発に活動をし、植物の種子もあって、長い時間のなかで出番を待っている、そういう生きものに満ちたスペースであって、自動車が走るための無機質な塊りではないのです」

訪花昆虫の調査

津田塾大学の南側にある明るいスポットで、予定していた訪花昆虫の実習をすることにしました。

観察はハルジオンに限定し、そこに来た昆虫を大きく、甲虫、チョウ、ハエ、ハチ、その他に分けて時間を決めて10分間記録してもらうことにしました。

参加者の一人が聞きました。

「こういう調査はなんていうんですか？」

「訪花昆虫調査です」

「ホーカコンチュウ？　どういう字ですか？」

「訪れるの訪に花と虫。花粉のことを英語でポーレン、ピー、オー、エル、エル、イー、エヌ（pollen）といいます。で、花粉を運ぶこと、授粉をポリネーション、授粉する昆虫をポリネータといいます」

「ノートにはまず今日の年月日を書いてね。よく年を省略するけど必ず年も書くこと。そして場所、それから何の調査か、ここは『訪花昆虫調査』だね。ノートの左側に虫が来た時刻、右側に花の名前と昆虫の名前、ここではハルジオンだけだから、花の名前は最初のところだけでもいい。虫の名前はさっき言った大まかなグループでかまわない。わからないときは『不明』でもいい。できたら写真を撮っておいて」

訪花昆虫調査の説明をする（撮影：棚橋さん）

　次の場所にはマルバウツギとノイバラがあったので、花の名前と昆虫を記録してもらうことにしました。説明しているうちにも、ハチやヒメアシナガコガネなどが来ていました。ここにも2人の学生さんを貼り付けました。3番目は玉川上水の南側のエゴノキで、マルバウツギやノイバラが上向きの開いた花であるのに対して下向きにぶら下がる花なので（口絵、図2）、来る昆虫も違うはずだと予想し、ここにも2人を残しました。

　記録がとれたようなので集計してもらったら10分間で60余りもの記録があったようです。これはたいへん多いといえます。

　この結果はまだ予備調査なのでデータとしては使えませんが、今後の調査はできそうだという感触を持ちました。今回、大切だと思ったのは、こういう形で参加者に課題を与えると、「聞く人」から「調べる人」になるということです。

5月15日の観察会
——昆虫の観察、昆虫の気持ちになる

訪花昆虫の調査

　午前は昆虫に詳しい人の解説で昆虫観察をし、お昼を食べて、午後は前回試みた訪花昆虫の実習をすることにしました。津田塾大学の南側に明るいスポットがあり、マルバウツギやエゴノキが咲いていたので、花に来ている昆虫を記録してもらうことにしました。

訪花昆虫の記録をとる参加者（撮影：棚橋さん）

　この記録が終わったので、話しました。

「今後こういうやりかたで別の季節でも記録をとりたいと思います。こういう資料がたまればすごい情報になると思います」

「こうして観察し、記録をとってみると、いままで何気なく歩いていた玉川上水が、ちょっと違って見えると思います。皆さんは花の気持ちになって待っていたと思いますが、たくさんのハチを記録していたところに、チョウが近づいてきたら、ちょっとワクワクしたはずです。あるいは飛んできたのに自分が記録する範囲の外側だったら、『もうちょっとなのに』と思ったはずです。そういう、これまで感じたことのない気持ちを持つことに意味があると思うんです」

（左）マルバウツギに来たハチ（撮影：棚橋さん）、
（右）ノイバラに来た甲虫（ヒメアシナガコガネ）

大きなお世話

　その説明が終わるころに一人の学生が私の背後にあったイヌビワの木に実がなっているのを目にとめて見ていました。

「あ、おもしろいものに気づいたね。これはイチジクの仲間で、イヌビワといいます。いま小さなイチジクができています。もっと大きくなり、最後は黒に近い紫色のジューシーなベリーになって鳥が食べて種子を運びます」

「へえー」

「イチジクは無花果と書くくらいで、私たちがイメージする花はありませんが、花がないのではなく、この実が花なんです。花の袋という意味で『花嚢《かのう》』といいます。実の内側にあるつぶつぶみたいなのが花で、実の先端にある小さな花からイチジクコバチというハチが入り、そこで翅が落ちて、もう飛べなくなってしまいます。そして、たくさんの花のなかでうごめいて授粉し、その中で一生を終えるんです」

実はこの説明は、まちがいではないのですが、不十分です。でもここは会話を続けます。関野先生が聞きました。

「そのことはハチにとってなにかメリットがあるんですか」

「メリットねえ」

私はちょっと考えました。メリットとはなんだろう。そのハエにプラスになること、おいしいものを味わうとか、子孫を残せるとか、そういうプラスになることということだと考えました。ハチが授粉をするのが植物側にプラスになるのはわかりますが、狭いイチジクのなかで死んでしまうのではなにのプラスもないという意味なのでしょう。

「私たち人間は自分たちの暮らしから、明るいところ、広いところがよいと思い、長生きをするのがよくて、そうでないものはよくない、かわいそうだと思いがちです。だから、イチヂクコバチはかわいそうだ、と。でも私は思うのだけど、セミは地上に出て数週間で『一生を』終えるので、それを虚しいと考え、『空蝉《うつせみ》』などと呼んで、はかないものにたとえるけど、セミはそれまで17年とかもっと長いあいだ地中で暮らすわけです。地中で暮らすなんて暗くて狭くてかわいそうと思うけど、それは人間の感覚であって、セミとしてはそれが人生の99%以上であり、最後の瞬間のような地上生活は鳥などに狙われて危険に満ちたいやなときなのかもしれません。モグラも同じで、モグラにすれば地上は雨は降る、風は吹く、直射日光が当たって明るくなったり、暗くなったり、鳥やキツネなどに狙われる危険きわまりないところなわけです。それに比べれば、土の中は安定していて、ほっとできる空間なんじゃないですか。モグラからすれば、『あんたらなんでそんなところにいるの、かわいそうに』と思うんじゃないですかね」

「ふーん、そうか」

と別の参加者。関野先生が言いました。

「サケの一生は、生まれたところまで一生懸命戻って、卵を産んで死ぬ、あの『やった』という感じの生き方は理解できるよね」

「動物にはそれぞれの事情があり、全部はできないにしても、なるべくその事情を理解することが大事だと思うんですよ。私たちはどうしても自分たちの基準で考えてしまう。イチジクコバチってイチジクのなかで死んでしまうなんてかわいそうだなんてね。でも、イチジクコバチにいわせれば、『大きなお世話』じゃないですかね。生物学を学ぶことの意味って、違う動物のことを理解することの大事さに気づくことにあるんじゃないかな」

と私。

「うん」

「そうですね」

ひょんなことからおもしろい会話ができました。

5月29日の観察会――初夏の感触

群落調査

4月、5月は季節の移ろいが早いので、月一度の予定だった観察会が、5月は3回目になりました。

玉川上水の中でも緑地幅の広い小平の鷹の台で面積－種数曲線を調べることにしました。面積－種数曲線というのは、調査面積を広げていくと、出現する植物の種数がどう変化するかを表現するものです。

この辺りは林としてはわりあい明るく、スイカズラの多いところです。始めに10センチメートル四方から始めましたが、スイカズラしかありませんでした。ある学生に調べてもらうことにして、

「よーく見て、ちょっとでも違うと思う種が出てきたら言って」

と言い、面積を増やしていきました。学生が、

「あっ、ありました」

と言いました。

「それは同じスイカズラなんだ」

スイカズラは木質のつるで、若いものは草本に見えるし、葉も切れ込みがあるので、違う種のように見えることがあります。

「ええー、全然違って見える」

私は慣れているので、最初からすぐに3種ほど見つけておきましたが、言わないで参加者が見つけるのを待っていました。でも、誰からも声が上がりません。しばらくして
「あ、これ違う。これなんですか?」

という声があった。

「はい、シオデです」

というと
「これってサルトリイバラの仲間ですか?」

「あ、よく知っていますね、そうSmilaxという同じ属ですね。うん、これをサルトリイバラの仲間と思うのはなかなかスジがいい」

というと笑顔。

「単子葉植物なのに葉の形が丸っぽいのは特別なことです。そして3本の主脈があることも共通です。花があれば近いことが納得できます。

私は鳥取の出身ですが、西日本では柏餅はサルトリイバラの葉で包みます」

「へえー」

「あのね、柏餅のカシワはナラの仲間だけど、そもそもカシワってね」

といって手を合わすジェスチャーをすると
「柏手」

「そう、『かしわ』というのは手のひらのことなんです。だから餅を両手で包むということだから、葉っぱならなんでもいいわけだけど、餅はくっつくから、大きくて、丈夫で、ツヤのある葉がいいわけで、使える葉は限られる」

「なるほど、それで南のほうにはカシワがないからかわりにサルトリイバラを使うんですね。サルトリイバラ餅って言うのかな」

「いや、私は逆だと思う。そもそも餅というのはねばねばする食べ物で、熱帯の里芋を食べていた時代の食感を

引き継いだという説がある。モチ系の食べ物は南由来だから、柏餅はむしろサルトリイバラにはさむのが原型で、北上する過程でサルトリイバラが少ないか、カシワのほうが多いかの理由でカシワの葉を使うようになったのだと思う。日本の中心は長いあいだ西にあったわけで、江戸が日本の中心になったのはたった昨日みたいなもんだからね」

学生さんはやや納得できないような顔をしていましたが、東京が日本の中心だという教育を受ければすっとは納得できないのかもしれません。

調査面積を広げるうちに

「こっちにあるこの草はなんですか？」

「あ、それはヤマカモジグサ」

「……」

皆さん黙っていましたが、「こんな草にも名前があるの？」あるいは「こんな草の名前がなんでわかるんだ」という顔でした。

「さっきのとは違うんですね」

「あ、ノカンゾウね。確かに細長い葉だから似ているといえば似ているけど、科レベルで違います。ノカンゾウはユリ科、ヤマカモジグサはイネ科」

「へえー」

「パッと見ると似ているみたいだけど、ノカンゾウは葉が交互にかみ合うように出ているのに対して、イネ科は稈《かん》、ようするにストローがあって、そこに節《ふし》がある構造になっています。そこから鞘《しょう》に支えられた葉が出ます。生長点はこの節にあるので、この上の部分を刈り取られても再生できます」

たまたま調査をしているときに、調査区の中にあるツリガネニンジンを折ってしまった人がいました。

「ツリガネニンジンは生長点が茎の先端にあるから、刈り取られるとダメージが大きいわけだ」

「そうだよね」

「実は地球が乾燥した時代に内陸に森林が成り立たない乾燥地が生まれ、そこで繁栄したのがイネ科だった。そのときにヒツジやバイソンのような反芻獣が爆発的に進化し、たくさんの種が生まれた。植物の葉は丈夫な細胞壁でできているから、ふつうの哺乳類の歯で噛んだくらいでは消化できない。われわれサルが利用できるのは春のみずみずしい細胞壁がやわらかい時期で、葉が硬くなってからは無理です。それを臼《うす》のような歯をもつ草食獣はよくすりつぶす。そして4つある胃袋に入れて、食道を逆流させて何度も噛み直す。そして胃袋に微生物がいて発酵させます。それによって細胞壁が破壊されて内側の原形質が利用できるようになるだけでなく、微生物自体が寿命が短いから良質のタンパク質である死体が大量に生まれます。反芻獣はこれを利用するわけです。つまり人が草を利用できないから牧場でウシを飼って肉に変化させて利用するというのと並べて考えると、反芻獣は胃の中に微生物を飼ってその肉を利用するといえる。反芻獣の出現したことは、地球の物質循環も大きく変化させたほどの革命だったんです」

「へえー」

「しかも、その微生物は反芻獣のお母さんの唾液を通じて子どもに伝えられるんです」

「え、そうなの?」

「それが数百万年ずっと伝えられてきたと思うと感動的でしょう?」

「うん、うん」

ひとかたまりのヤマカモジグサから壮大な話に展開しました。私たち研究者が調査をするときはテキパキとすませて、ひとつでも多くの調査区をとるという感じで余裕がありませんが、こういう調査では雑談をしながら楽しく進めるほうがよいと思います。

糞虫

観察会を進める者として、参加してくれた人にただ植物の名前を教えるだけではおもしろくないので、できるだけ知らない世界を紹介したいという気持ちがあります。そのひとつのアイデアとして、玉川上水に糞虫がいることを見せてあげたいと思いました。

実は少し前に予備的に調べて、糞虫がいることを確認していました。どうして調べたかというと、プラスチック容器にイヌの糞を入れたティーバッグをぶら下げておくと、その匂いにつられて糞虫が飛んで来て、トラップの底に落ちるのです。そのままだと飛んで逃げてしまうので、少し水を入れておきます。こうすると水に浮かんで飛べなくなるのです。

観察会の前に日に、玉川上水に新しく糞トラップを4つ置いておきました。そのうち1つはエンマムシしか来ていませんでしたが、そのほかには数匹のコブマルエンマコガネが入っていました。

　その後も糞トラップを試みましたが、採れたのはすべてコブマルエンマコガネでした。この結果がたまたまとは思えません。玉川上水には確かに糞虫がいるということと、その大半はコブマルエンマコガネだということはまちがいないようです。

ホタルブクロ

　前日下見に来たとき、ホタルブクロが花を咲かそうとしていました。今はゴム風船が定着しているから、「風船」といえばゴム風船を指しますが、ツヤのある紙で作った和風船があります。ホタルブクロはちょうどあの和風船ように口を閉じていました。

　それが一晩経って見ると、ちゃんと開花していました。つぼみを見ながら、

開花直前のホタルブクロ

「これってムム……って唇を閉じていて、開くときに『ンマ』って言ったみたいな気がする」
と言ったらみんなが笑いました。

津田塾大学の南側のうっそうとした林を歩く

6月の観察会――夏の訪花昆虫など

夏の花と美術

6月も下旬になるとすでに夏もようです。

いつものコースを歩いて津田塾大学の南に着くと、ノカンゾウが咲いていたので簡単な説明をしました。

「これはノカンゾウといいます。カンゾウというのは『萱草』という字を書きます。同じカンゾウでも『甘草』というのもありますが、これはマメ科、ノカンゾウのほうはユリ科です。どうです、花の色が違うから印象が違いますが、これが白い花ならユリそっくりでしょう。ニッコウキスゲとかユウスゲなども同じ仲間ですが、これらの花は横を向くのに対して、ノカンゾウは上を向いて咲きます。春に若い葉がでてきたところは山菜として食べられます」

少し歩くと、しばらく前まで花を咲かせていたホタルブクロの群落があったところ。

「少ししか残っていませんが、ホタルブクロです。子どもが採ったホタルを入れるのに使ったというのが名前の由来らしいですが、どうだか」

ホタルブクロ（左）とノカンゾウ（右）

この辺りは林が立派ですが、そこに説明したい花を見つけました。

「シソ科というグループがあります。葉が対生で、筒状の花をつけます。そう、春にタツナミソウなどを見ましたが、あれもシソ科です。私は、シソ科の特徴がわかってきたとき、これを見て『あ、シソ科ではないか』と思いました。でも、これはハエドクソウといってハエドクソウ科という別の科に属しています。その科にはこの種しかないんです。でも葉が対生してシソ科の雰囲気があります。茎の先に咲いている花もシソ科の花に似ています。花のすぐ下についている果実は軸に対して斜めに向いていますが、さらに下のものは茎にぴったりくっついています。この果実をよく見ると先がクルンとカールしていて、ほら」

と学生のTシャツになすりつけると、その果実が数個くっつきました。

「こうして、動物の体について果実を広がらせるわけです」

「ひっつきむしですね」

「そうです」

「ついでに言うと、ハエドクソウというのはちょっと変わった名前ですが、これは実際にハエにとって毒があって、今はなくなりましたが、昔はハエトリリボンというものがありました。この草はそのために使われたのだそうです」

また歩いていると、美大生に解説するにふさわしいものを見つけました。

「みなさん、いいものを見つけました。まず、葉ですが、これを見てください。ハの字型の黒っぽい模様がありま す。タデ科にはこういうのがよくあります」

「見てもらいたいのはこの花です。みなさん、水引という贈り物などの包みに紅白の模様があるのを知っていますね。赤いひもと白いひもが中央で交わってぐるぐると巻いてピンと下に広がる模様です。

実はあれはこの草から来ているんですよ。この花を見てください」

と言って花序を上から見てもらいました。

「これをひっくり返すと……」

と言って今度は下から見てもらうと

「ほーっ！」

ハエドクソウの花と果実

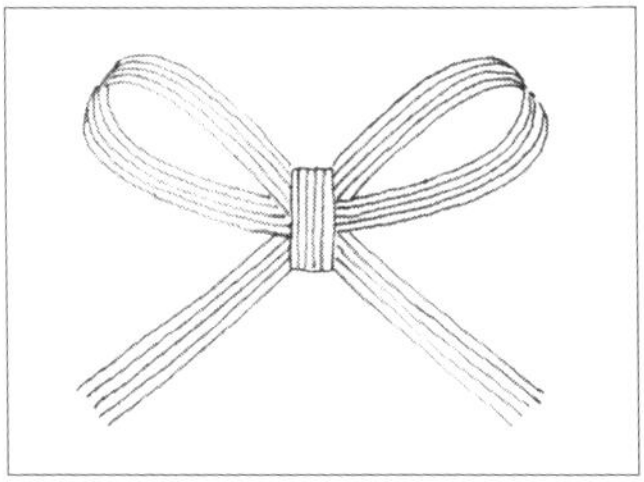

水引

と歓声があがりました。白く見えるのです（口絵、図3）。

「美大の人が多いからよく聞いてくださいよ、昔の人はこの紅白の妙を知っていた。それを贈り物に添えていたが、デザイナーがこれを抽象化し、赤いひもと白いひもであの形を作り上げた。これはすごいことで、私に言わせれば世界に誇るものだと思います」

「へぇー！」

　美大関係ということでもうひとつ説明しました。

ツユクサ

「これはツユクサです。単子葉植物です。ツユクサの青はとてもよい青ですが、これは昔、着物のデザインの下絵を描くのに使われました。下絵を書いたあと、色をつけ、水につけるとこの色は消えるんです。昔はツキクサといわれ、『色を付ける』のツキという説もあります。消えることから、はかない恋をたとえることもよくおこなわれました」

　あとで調べたら万葉集に次のような歌がありました。

　朝《あした》咲き　夕《ゆうべ》は消《け》ぬるつき草の消ぬべき恋《こひ》も吾《あれ》はするかも

　たぶん、こういう意味だと思われます。朝に咲いて夕方には消えてしまう月草のように儚い恋を私はしているのだな。

訪花昆虫の観察

　そのあとは調査地へ直進。そこは地元の人が「野草保護観察ゾーン」と呼んで群落の管理をしているところで、玉川上水の南側で木を伐って明るくしたところです。ノカンゾウなどはもちろん、いまはオカトラノオが咲いているし、花はまだありませんがワレモコウ、ツリガネニンジン、アキカラマツなど草原的な野草がたくさんあります。種類も多いですが、植物の量が非常に豊富です。

「ちょっと聞いてください。これから1時間ほど花に来る昆虫の記録をとってもらいます。おもにオカトラノオを調べてもらいます。自分が観察できる幅2メートルほ

玉川上水のオカトラノオ群落

どの範囲で時間を決めて10分間、花に昆虫がきたら、時刻、花、昆虫を記録してください。昆虫はハチ、ハエ（アブを含む）、チョウ、甲虫、その他とし、わからないときは『不明』としてください」

といってハチとハエの区別点などを説明しました。

10分間のセッションを2回とってもらいました。私はタカトウダイの前に立って1回だけ記録しましたが、ハチとハエが入れ替わり立ち代わりやってきて記録に忙しいほどでした。この花は小さい上に色も目立たず、花弁が平面に4枚ぺたんとついているだけなので、人の目にはまったく目立ちませんから、チョウなどを惹き付けるのには向いていないのでしょう。匂いをたよりにやってくるハエのような昆虫が蜜をなめるのに適しているように思います。オカトラノオにはときにキアゲハが来ていました。

私が印象づけられたのは、この豊かな草本群落が、交通量の多い五日市街道のすぐ脇にあるということです。オカトラノオもそのほかの草本類も山にいけばとりたてて珍しいものではありません。しかし、市街地の中にある交通量の多いこの道路のすぐ脇にこれだけの花が咲き、昆虫が訪れるということは驚くに値することだと思います。

オカトラノオにきたキアゲハ（左）とタカトウダイにきたハチ（右）

小1時間を炎天下で過ごしたので、終わって木陰に入ったらすっと涼しくほっとしまし

訪花昆虫の記録をとる学生たちのすぐ後ろは交通量の多い五日市街道

た。この日は東京の気温は30度あったといいますから、この場所ではそれよりはるかに高温だったはずです。

食べられる植物

帰路、私の背後でなにやら声がします。振り向くとみんなが見上げています。そこにもどって聞くと、木の実がなっているということでした。最初ヤマグワだと思いましたが、よく見るとコウゾでした。

「食べられるんですか」

と言うので、

「もちろん！」

と言うと何人かが口にしました。

「うーん、おいしいというのとは違うけど、自然の味」

「さっきから植物の説明をしてて、あんまり聞いてるようには見えなかったけど、食べられると聞くと反応が違うなあ」

と言ったら、みんながどっと笑いました。ちょうどよいと思ったので、植物がいかに工夫をして動物に種子を運ばせるかを具体的に説明しました。

「さっきある人がナワシロイチゴのベリーをとってきてくれたけど、コウゾのベリーもよく似ています（口絵、図4）。でもナワシロイチゴはバラ科、コウゾはクワ科でまったく別のもので、花はまったく違うものなんです。にもかかわらず、果実は大きさも色も形も似ています。ということは、こういう実が鳥や哺乳類に好まれるということです。赤い実《み》は緑の中で目立ちます。子どもは赤い色が好きですが、それは私たちがベリーが好きだからだと思います」

「あ、そういえばうちの子が小さいとき、赤いものが大好きだったわ」

「だいたいそうですよ。それに子どもは同じ赤だけでなく、黄色やいろいろな色が混じっているのが好きです。昔、ドロップというのがあったでしょ。あれは人間の本能にうったえているわけです」

《コラム》食べられる植物とは?

参加者から観察会のあとで以下の質問をもらいました。

そもそも「食べられる」「食べられない」の定義はなんでしょう。「毒があるかないか」でしょうか。よく、「この草は食べられます」と聞きますが、それは「けっこう美味しく食べられる」ということなのだと思います。

これに対する私の回答です。

タヌキの食性

この質問は、いうまでもなく、人が植物を食べる場合ということを前提にしていますが、これはもう少し一般的な問題から考えるほうがよさそうです。私は動物の食べ物を調べてきました。ちょうどよい機会ですので、ひとつの例としてタヌキの食性を説明しましょう。場所により違いはあるのですが、概ね次のような季節変化を示します。春は哺乳類と葉、夏は昆虫と果実、秋はおもに果実、冬は果実と哺乳類が主要な食べ物になります。

これを見ると、基本的にその季節に豊富になる食べ物、つまり「旬《しゅん》の物」を食べていることがわかります。タヌキにすればそのときどきで、一番豊富で栄養価のあるものを選んでいるということになります。初夏にはサクラやキイチゴなどが実り、昆虫が出てきます。秋になればヒサカキ、ガマズミなどが実るし、里山ではギンナンやカキなどもなるのでタヌキはよく食べます。冬になると果実は減っていきますが、ジャノヒゲやヤブランがよく食べられるようになります。これらを選ぶのは供給量に対応した選択の結果といえます。

ところが、餌になる哺乳類は一年中いるのに、タヌキの食物の中で増えるのは冬と春であり、供給量を反映していないことになります。これはどう説明されるでしょうか。タヌキが食べる哺乳類はおもにネズミ類です。これを捕まえるのは容易なことではありません。それでも食べているということは、よほどほかに食べ物がないということで、現に冬と春は果実も少なくなり、昆虫もいなくなります。昆虫だって逃げますが、甲虫やバッタはネズミにくらべればはるかに捕まえやすいし、それにたくさんいます。まして幼虫は見つければほぼ確実に捕まえることができます。

そう考えると、栄養価があり、存在していても、捕獲がむずかしい動物は捕獲のための努力と得られることとのバランスがとりにくいということがわかります。逆に、栄養価もあり、逃げもしない果実はタヌキにとって実《じつ》にありがたい食物だということになります。

供給量と利用量の対応ということでいえば、春のタヌキの食物には葉が多いのですが、葉の供給量が多いのは夏です。だからタヌキの食物の中で葉が春のほうが多いのは供給量と対応しません。それはタヌキの消化に関係します。タヌキは草食獣ではないので、伸びきって硬くなった葉は消化できません。春の芽吹きの、まだ細胞が柔らかい段階の葉は消化できるので、タヌキは春には意外とよく葉を食べるのです。つまり量だけでなく質が重要だということです。

こう見てくると、タヌキの食べ物の内容は、食べ物の栄養価と供給量によって決まること、そしてそれに加えて、確保しやすさが関係していることがわかります。その確保しやすさは、動物の捕獲能力や歯や消化器官などの機能とも関係します。

シカの食性

ここで、タヌキではなくシカのことを考えてみましょう。シカは植物の葉を食べますが、朝から葉を食べて昼過ぎになると木陰などに座り込みます。それを見ていると口をモグモグしています。よく見るとしばらくモグモグしたあと、ゴクンと飲み込みます。そうしてしばらくするとピンポン球ほどの塊が喉を遡《さかのぼ》ってゆき、口に達するとシカがまたモグモグを始めます。これは「反芻《はんすう》」という行動で、一度胃袋に入って未消化なものをもう一度歯で噛み砕きなおすのです。これを繰り返すことで消化しにくい葉の細胞壁を破壊して、内部にある栄養価の高い成分が吸収できるようになるのです。

座っているシカのようすを観察していると、座りながら周りにある草を食べることがあります。なんだかおかしな気がしますが、シカにとっては至るところに食べ物があるということです。

結論――食べられることと食べること

重要なことは、自然界にある動植物は、食べようとする動物によってまったく違って見えるということです。

シカから見れば夏の山で食べ物がなくてお腹をすかせるヒトという動物はなんとかわいそうなのだろうと見えるはずです。

さて、ご質問の「食べられる植物とは」は、食べ物の属性を尋《き》いていますが、以上のように考えてくると、その属性は動物が食物として選ぶことの一面でしかないことがわかります。もし「食べられる植物」をその属性だけに限定して答えるとすれば、たいていの植物は食べられることになります。英語では「食べられる」をedibleといいますが、これはeatabeということでしょう。潜在的に食べられるということです。このedibleということばは、実質的には有毒であるかないかという意味で使われることが多いようです。

つまり、人に限らず動物の食物選択を考えると、動物にとって食べることがプラスになり、栄養があるか、容易に得られれば食べる、プラスでもマイナスでもなければ、ほかによいものがあれば食べないが、なければ食べる、マイナス（有毒）であれば食べないということになります。

人の食物利用

動物が「食べられる食物」の話は以上ですが、ご質問は人間が食べられる植物でした。これは動物一般とは異なり、はるかに複雑になります。

有毒でないという点では多くの植物はedibleであり、タンポポにしてもオオバコにしても、新しい葉をてんぷらにすれば十分おいしい食材になります。

ややこしいのは、われわれ人間の食材幅と選択は栽培技術と加工技術によりタヌキとは大きく違うものになったという点です。加熱は有効な解毒技術であり、ワラビは草食獣は食べませんが、人は食べます。肉や魚も加熱することでおいしく、安全に食べられるようになりました。

解毒だけでなく、人だけが供給量そのものを変えました。耕作することで供給量が増加し、また安定しました。また、品種改良によって栄養価もアップしました。

でんぷんは満腹感を味わえるすぐれた食物ですが、イモを別とすると、米にしても麦にしてもイネ科の種子です。イネ科の種子は小さい粒ですから、これを食べるほど集めるのは大変ですし、そのままではおいしくもありません。これを集め、脱穀し、炊くことで最上の食物としたのが農業の最大成果のひとつといえます。

もう少し遡って、縄文時代にはドングリをクッキーにしていたことがわかっています。ドングリを食べるにはあく抜きが必要ですから、縄文人はその技術を持っていたはずです。またドングリは秋に大量に実りますが、縄文人は保存してほかの季節まで利用可能期間を延ばしたこともわかっています。これは穀類を使うようになる前の段階ですが、でんぷんが魅力的な食物の地位を確立された時期とみることができると思います。

菓は果？

その点、動物質の食べ物や果実はおいしいですが、保存はむずかしいという欠点があります。ついでにいえば、現代ではお菓子は、クッキー、キャンディー、饅頭などですが、クッキーはでんぷんを加熱したもの、飴は糖類を固めたもの、饅頭などは小豆とでんぷんの組み合わせたものでしょうか。お菓子の「菓」という字は「果」に「くさかんむり」をつけたものですから、お菓子とは果実だったことは容易に想像できます。干し柿や干しぶどうはお菓子の代表だったのではないでしょうか。それが甘みを強調し、保存が容易なものに置き換わっていったのだと思います。

「食べられる植物」についての質問は私を饒舌にしました。

イネ科植物

そのあとで、ヤマカモジグサが花の時期だったので、説明をすることにしました。

「イネ科は風媒花《ふうばいか》といって風で受粉をするので昆虫を惹きつける必要がなく、花は緑色の地味なものです。花だと思っていない人もいるくらいです。でも見てください。ちゃんと黄色い花粉をつけた雄しべが見えています。これはヤマカモジグサというイネ科の一種です。私自身はイネ科の花はとてもきれいだと思います。機能美というか、スキのない形をしています」

「イネ科の葉は細長く、茎に沿うように出てから開いて弧を描いて垂れ下がります。ところがヤマカモジグサはちょっとかわったことをします。ふつうは葉の表が上ですが、上下というのは相対的なものですから植物学では出発点で茎のほうを向いている側を向軸側《こうじくそく》、その反対側を背軸側《はいじくそく》とします。おかしなことに、ヤマカモジグサは葉の途中が必ずくるりと裏返って背軸側が上になるんです。ほら、見てください。どの葉もくるりとねじれているでしょう」

「へえ、そうなんだ。うん、ほんとだ」

「それってどういう意味なんですか?」

「そうするほうが有利なことってあるんですか?」

もっともな質問が出ました。

「わかりません。わからないことだらけですよ。むしろ、研究者はわかったことだけを説明します。わからないことのほうがはるかに多い」

観察会の意義

旧水衛所跡地までもどって一休みしてお礼とともに、なぜこういう調査をしているかを説明しました。

「順序が逆になりましたが、今日、花と昆虫の調査をしてもらったわけを説明します。生きものを守る、自然保護というと、専門家が動物や植物のリストを作って、珍しい植物や動物があるかないかを判定して、『ここには珍しいものがありますから保護の価値があります』で終わります。私はそれでは生きものを知ったことにはならないと思います。それに珍しいから価値があるというのも違うと思います。ごくありふれた動植物の生き方や形を知ると、敬意に似た気持ちが生まれます。そういう気持ちを持てば、なにも言わなくても、その自然を破壊することがよくないと思うはずです。そういうことが大事だと思うんです。今日協力してもらったのも、どういう林の管理をすると草が花を咲かせるか、花が咲くとどういう昆虫が来るかを調べることで、生きもののつながりを体感してもらいたいと思うからです。こうした資料が蓄積されると、違う花には違う昆虫が来るといったことが見えてくるでしょう。そういう生きもののつながりを知ることを通して、生きていることを知ることのすばらしさを知るきっかけにしてほしいと思っているんです」

ラン３種

６月26日のこと、津田塾大学でタヌキのタメフンの見回りをしました。林を歩いていて、見かけない植物を見つけました。暗い林の下に、純白で、なにか妖精のようというか、幽霊のようというか、不思議なようすでスッと立っていました。

あとで調べたらタシロランというかなり珍しいランで、環境省の準絶滅危惧種とされていることがわかりました。図鑑には、このランにはまったく葉緑素がなく、腐生《ふせい》植物（枯葉などから栄養をとる）で、暖かい地方の常緑樹林下に生えると記述されていました。

ランとしては地味なので見てどうということはないのですが、このキャンパスの林が豊かであることの証しです。

その後、あまり見かけない別のランも見つけました。そのときはまだ蕾《つぼみ》でしたが、調べてみるとマヤランで、これも絶

タシロラン

マヤラン

滅危惧種Ⅰ類に指定されるものでした。花は濃い紅色で妖艶、怪しげな雰囲気さえ漂っていました。

　帰ろうと思って入り口の芝生に出ると、遅咲きのネジバナがありました。このランは明るい場所に生え、明るいピンク色をしています。

ネジバナ

　というわけで、この日は3つのランを見た「ラン・デー」になりました。しかも、それぞれに印象が大きく違います。そこで私の中にイマジネーションが湧き、おとぎ話風のストーリーができました。

「今日もお日様がさんさん、とても気持ちいいわ。風も吹いてるし。ああ楽しい」とネジバナの声。この子は今年12歳になりました。これから出会うであろうことを夢見て、ときどき胸がわくわくします。

　それを聞いたのか、林からタシロランの声がしました。

「楽しそうね。私はなんだか悲しいような、うれしいような。10歳すぎの頃はこんな気持ちになったことはなかったわ。少しずつ自分がわかってきて、したいこともあるけど、できないこともある。飛び出してみようと思うこともあるけど、怖いような気もする」

　その声は透明で不思議な響きがあります。

「ここは暗いわ。でも私はここが好き。芝生は明るいけど、私にはふさわしくない。まぶしすぎるというか、どこかで嘘をついていないといけないような気がするの。私、一生懸命生きようとは思うけど、でも自信がなくて。静かにこれから起きることを待ちながら生きようと思うの」

　すると、その林からやや低めの、でもよく通る声がしました。マヤランです。

「ふん、私は違うわね。いや、明るいところが好きじゃないのは同じだけどね。あなたは二十歳すぎだからわからないと思うけど、世の中きれいごとだけじゃすまないわ。愚かなもの、強いものが幅を効かせるものよ。清楚ばっかりじゃだめ、少し濃いめの化粧をするくらいじゃなくちゃ。ポイントはルージュ」

花はやはり女性に喩えたくなります。ネジバナ、タシロラン、マヤランにふさわしい漢字を選ぶと

健、楚、艶

となるでしょうか。

このことを報告に書いたら、報告を読んだ津田塾大学の利根川課長から相談がありました。

高槻先生

　ネジバナがラン科だということを初めて知りました。大学の芝生にはネジバナがたくさん咲きます。かわいくて好きなのですが、雑草だから、とった方がよいと言われたこともあります。高槻先生はネジバナを一字で表すと「健」とされましたが、確かにネジネジと健やかに、どんどん出てきている感じがしますね。管理課としては、芝生をきれいに整えるように言われるのですが、ネジバナやシロツメクサがどんどん出てくるので、どうしようかと思っています。

私は、きれいな芝生より好きなのですが。

これについて私は以下の返事をしました。

利根川様

　とてもすてきなコメントをありがとうございました。これにはいろいろなことが含まれているように思いました。

「雑草」とは何か？　人によっては園芸植物や作物でない植物は雑草です。でも日本人は伝統的に野草を愛でてきました。春の七種《くさ》は食べて楽しむ、秋の七草は見て楽しむものですが、いずれも野草です。

　芝生は管理されて維持されます。日本の高温多湿な夏は植物にとっては理想的な環境ですから、植物はどんどん育ちます。芝生を放置すれば背の高い草が伸び、数年すれば藪になり、さらに数年すればちょっとした林になってしまいます。これを「植生遷移」といいます。芝生は人がもっとも強い刈り取りをして維持されるもので、これも芝刈りの頻度を下げるとススキ群落に遷

移します。「すっきり感」でいえば、毎週でも刈り取ってカーペットのようにするのがよい、ということになります。少し手を抜くと、ネジバナやセンブリ、オオヤマフスマ、コナスビなど、かわいらしい小さな花をさかせる草が増えてきますし（口絵、図5）、踏みつけが強いとオオバコなどが増えてきます。群落はそのようにつねに動的に変化します。

また「きれい」とは何か？「すっきり感」はひとつの「きれい」だし、ごちゃごちゃといろいろな花が混じっているのもまた「きれい」のひとつです。私はもちろんごちゃごちゃのほうを好みます。

私はカナダの研究者を訪問したことがあります。そのとき、あるホテルにゴルフ場があり、散歩をしていたら、シカの糞を見つけました。現にしばらくするとエルクというシカが芝生を食べているのを見ました。「このくらいのゆるめの管理の芝生でやるのが本来のゴルフなんだろう」と思いました。日本のゴルフ場は農薬を徹底的にまくので、下流には魚などがいなくなるそうです。そこでゴルフをしながら「自然っていいな」という輩がいるわけです。

長くなりました。

というわけで、タヌキの糞調査をしながらランを見つけ、そのランのことから大学の芝生管理の話につながりました。

第4章

観察会の記録——夏から秋

8月の観察会——夏の盛り

ひっつきむし

8月の観察会には高校生たちが参加してくれました。

玉川上水は緑がさらに濃くなり、前回の観察会のときに咲いていた花の大半は終わって、新たにヤブラン、ヌスビトハギ、キンミズヒキ、ダイコンソウなどが見られました。ヌスビトハギ、キンミズヒキ、ダイコンソウなどは果実の外側にカギがあって動物の体にくっついて種子を運ぶ植物です。

キンミズヒキ（左）とダイコンソウ（右）の果実

その話をしてキンミズヒキの果実を高校生のTシャツに投げるとくっつきました。高校生は植物が動物を利用しているということが意外だったようです。

高校生がいたことを意識して、基本的な話もしました。玉川上水に多いコナラやクヌギは萌芽再生力が多いため生き延びて雑木林を構成していたこと、それが今は薪《まき》を使わなくなったので太く成長していることなどを説明しました。この地方は本来シイ、カシの多い林だったはずです。その話はベテランの人にも意外だと受け止めた人もいたようです。

世代をつなぐ

その後は個別の説明をしながら進み、「野草保護観察ゾーン」に行きました。行ってみると、ツリガネニンジン、センンニンソウ、シラヤマギクなどが咲いていました。

最初の挨拶でリーさんが「長いことと玉川上水を見てこられたベテランと若い高校生がいっしょに玉川上水の自然を観察するってとてもすてきです。自然観察することそのことも大切だけど、それを通じて新しい人の出会いがあるっていうことがすばらしいと思うんです」と言っていましたが、まったく同感でした。

ありふれた生きもののこと

そのあと、昼食をとりながら、雑談をしました。今回、改めて意を強くしたのは、

「希少な動植物がいるから守る価値がある」

という紋切り型の自然保護の考え方を根本的に改め、

「人が顧みることもないありふれた生きものがけんめいに生きることを知ることをベースにしたい」

ということでした。それは

「ここにはとくに珍しい生きものはいない」

「だから破壊してもかまわない」

というこれまで各地で味わった保護運動の限界を考え直す契機になると思います。貴重だから残すという理屈でいえば、玉川上水は歴史遺産としてしか残す価値はないことになってしまいます。私は決してそうは思いません。武蔵野美術大学の小口《こぐち》先生が撮影してくださった動画で、コブマルエンマコガネがすごいパワーで馬糞を分解するようすに圧倒されない人はいません。それを見れば、

「ああ、玉川上水にはこういう糞虫がいて、毎日こうしてがんばっているんだ」

と思えるようになるはずです。私自身あの映像を見て、ほんとうに目を開かれる思いがしました。こういう事例がたくさん積み重なれば、玉川上水というのはこういう生きものたちが暮らしている場所なのだと思えるようになるはずです。私は自然を守るには、声高にイデオロギーを説くよりも、そこに生きる生物がすばらしいと知ることが力になるのだと思うのです。そういう思いは、

「地球というのはそういう無数の名もない生きものが生きている星なのだ」

という想像力につながるはずです。

そういう地に足のついた活動が、地球への愛につながり、そこで人が生きるにはどうすればよいかを考えることになるように思うのです。それは遠大な目標であり、それが実現する日を私が目にすることはありませんが、そのために一隅を照らす努力を続けたいと思います。

9月の観察会——植物の名前

ガマズミ

9月は11日に観察会をしました。

少し歩くとガマズミの実がなっており、まだ緑色だったので、これをとりあげました。

「これはガマズミの実です。今から学名のスペルを言うから、ノートを出して書いてね。いいですか」

といってViburnumを一文字ずつ言いました。

「ラテン語ではヴィブルヌム、英語でも同じスペルです」

ふつうはサクラなら学名はプルヌスPrunus、英語はチェリーcherryとか、ミズキは学名はコルヌスCornus、英語はドッグウッドdogwoodのように違います。でもスミレは学名でヴィオラViolaが英語でヴァイオレットviolet、ユリはリリウムLiliumがリリーlilyのように近いものも少なくありません。ではガマズミはどうでしょう。

名前の駆逐

ガマズミは英名もあったのかもしれませんが学名がそれを駆逐したのかもしれません。名前が別の名前を駆逐するなどありえないと思うかもしれませんが、そうでもありません。「モモ」というのは肉付きのよいものを指すから、体では「太もも」というし、果実では桃のことをいいます。果実のモモといえば、古い日本ではスモモのことでした。それしかなかったから、その時代にモモと言えば「肉付きのよい果実の代表」はスモモだったわけです。そこに現在モモと呼んでいる果実が大陸から入って来ました。人々は驚いたに違いありません。そして思ったはずです。

「これこそモモだ」と。

そうなると、それまでモモと呼んでいた果実のほうにただしがきをつけることになります。そして、

「あれはちょっと酸っぱいから、酢《す》いモモ、スモモにしよう」

となったと思われます。

そんなに昔のことをとりあげなくてもわかりやすい例があります。若い人は「日本茶」などといいますが、私

たちの世代は「お茶」といえば日本茶に決まっています。日本茶を煎茶かほうじ茶か区別することはあっても、日本茶と紅茶を同位において区別することはありませんでした。その意味で「お茶」ということばは駆逐されたといえるかもしれません。

もっとよい例は、ハサミです。日本のハサミは日常生活でほとんど使われなくなりましたから「ハサミ」といえば「洋バサミ」を指し、日本のものは「和バサミ」とただしがきをつけなければならなくなってしまいました。

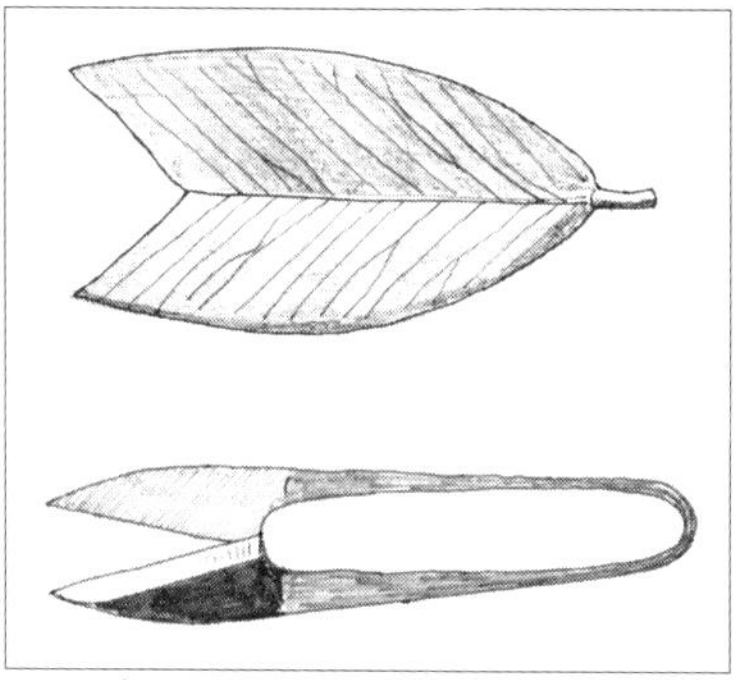

ヤハズソウの葉をちぎったところ（上）と和バサミ（下）

ヤハズソウというマメ科の植物があり、その名は葉をちぎると矢筈《やはず》のように切れるからついたのですが、私たちが子どもの頃はその形が和バサミに似ているから「ハサミができた」とよろこんだものです。それは母親の裁縫道具に和ばさみがあり、それをハサミと呼んでいたからです。洋バサミしか見たことのない今の子どもはヤハズソウの葉をちぎっても、和バサミを連想しないかもしれません。

ガマズミの赤

話が横道にそれましたが、ガマズミのスペルを紹介したあと私は続けました。

「これにレッドをつけてヴィブルヌム・レッド、赤の中でもこの色に特別の名前がついているのです（口絵、図7）」

「果実酒と言えば、日本でも梅酒などは人気があるけど、ヨーロッパも同じ、いろいろなベリーの果実酒を作ります。その中でもガマズミ酒は味はともかく、色が鮮やかな赤になるので知られています。秋になったら赤い実を見てください。……美術に関心がある人たちなので果実の色の話をしました」

10月の観察会——タメフン探し

タメフン探し

10月の観察会の日は雨のためにお流れとなりました。その代わり別の日に津田塾大学で「人海戦術」でタヌキのタメフンを探すことにしました。

これまで「津田塾キャンパスにタメフンが1カ所しかないはずはない。なんとかもっと見つけたいね」と話していました。タヌキは決まった場所に糞をする性質があり、それを「タメフン」と呼んでいます。1カ所だと、糞を拾って食性を解明するほうはなんとかなるにしても、マーカーを使ってタヌキの動きを調べるためには、1カ所ではいかにも心もとない。

実際、夏休み前におこなった調査では340個ものマーカーが食べられたはずなのに、タメフン場からマーカーが3枚しか回収されていませんでした。これでは1%にもなりません。これまでの調査では、回収率は5%くらいとされているので、タメフン場がほかにもあるはずだという思いが強くなっていました。私は津田塾大学に行くたびに、できるだけ林の中を歩いてタメフンを探すようにしていたのですが、見つかりませんでした。

そこで、この懸案を解消すべく、人数を集めてキャンパスをローラー作戦で調べてタメフン場を探すことにしたのです。

ヤブ漕ぎ

タメフンがあるのは低木が生い茂ったような場所であることが多いので、列を作ってササ藪《やぶ》をローラー作戦で探すことにしました。クモの巣が多く、ちょっと進むと顔について実に気持ちが悪いものです。枝を拾ってクモの巣を払いながら歩きました。

しばらくそうして歩いていたとき、「高槻せんせーい、ちょっとお願いしまーす！」という声がしました。行ってみると、モグラ塚でした。タヌキのタメフンを同じように黒いモコモコの塊だから初心者には区別しにくいようです。

「私もなんか見つけたんですが、小さくて違うかもしれないんですが……」

「あのねえ、自分の見つけた糞が小さいからって恥ずかしいなんてことはぜーんぜんありませんから」

というと笑いが起こりました。行ってみると、きのこが湿って一見糞のように見えるものでした。

別の人からも声がありました。行ってみると、今度はまちがいなくタヌキの糞で、これまで見つかっていたタメフン場から10メートルほどしか離れていませんでした。ただしタメフンではなく、1回分の糞でした。私は常備しているゴム手袋とチャック付きポリ袋を取り出して採集しました。これまでの経験からその中身のほとんどがムクノキの果実だということがわかりました。

その説明をすると、

「ムクノキの実っておいしいんですか?」

と質問がありました。

「ええ、おいしいですよ。甘くてちょっと干しブドウみたいな感じ。昔は子どもがおやつにしたらしいです。最近、天皇陛下が皇居のタヌキの糞分析の論文を書かれたって新聞に出てたでしょう。その論文でもムクノキやエノキがたくさん出てきたって書いてありました」

話は続きます。

「ムクノキやエノキは雑木林には少ないんです。雑木林は炭をとるために定期的に伐採したから、伐採に強いナラなどが多くなってムクノキなどは少ないんです。皇居のタヌキがムクノキをよく食べているということは、雑木林とは違い、安定した林があるっていうことなんです」

「安定してるって?」

「植生遷移《せんい》ってあるでしょう? それでいうと遷移の進んだ段階の林ということです。関東平野のもともとの林はシイやカシが主体の薄暗い常緑林で、ムクノキはそういう林にあります。ここや皇居の森はそういう林だということです」

「へえ」

タメフン見つかる

そうこうするうちにお昼が近づいたので、府中街道沿いの林を歩いて切り上げることにしました。そこは交通量も多く、しかもこの夏休みにキャンパスのフェンスの工事をしていたので、タヌキが利用しているとは思えませんでした。タヌキがいそうな玉川上水沿いでもタメフンがなかったのだから、と期待はしないで歩いていたら、意外なことにその低木の中にタメフンらしいものがありました。薄暗くてよく見えなかったので懐中電灯を出して見ると、確かにタメフンのようでした。

「みなさん、ちょっと集まってください」

「ええ！　あったの？」

新しい糞があり、ヒラタシデムシが来ていました。

またゴム手袋を取り出して、1回分の糞ごとにポリ袋に入れました。そうしているうちになんとピンク色のマーカーが見つかったのです。

実は私たちはソーセージに小さなプラスチックマーカーを入れてタヌキに食べさせ、回収することで糞からタヌキの動きを調べています。これについては後で詳しくとりあげます。

タヌキの齧み痕のついたマヨネーズ容器

「あ、マーカーがありました！」

「ええ、ホント!?」

「さなえちゃん、ピンクはどこ？」

この調査をリードしている棚橋早苗《たなはしさなえ》さんを、ふつうは「棚橋さん」と呼んでいるのですが、今回はうれしくて下の名前で呼んでしまいました。

「どこ？」というのは、マーカー入りソーセージを置いた場所が5カ所あり、それぞれで違う色にしているので、私はそれを聞いたのです。ピンクラベルは北東の津田梅子墓所に置いたもので、タヌキがかなりの距離を運んだことになります。

参加者のひとりが歩きながらマヨネーズ容器を4本見つけてくれましたが、いずれもタヌキの噛み痕がついていました。大学の人がわざわざ林にマヨネーズを捨てるわけはありませんから、タヌキがキャンパス外から持ち込んだと思われます。

11月の観察会――群落調査と果実

植物の話
このところ肌寒くなっていたのが、昨日、今日と季節が逆戻りし、カラッとしたとても気持ちのよい日になりました。
いつもの鷹の橋から津田塾大学に向かって歩くことにしました。西武線の踏切の周りにゴンズイ、マサキ、ヒサカキ、イヌツゲの果実があったので、あとでスケッチをするために少し採集しました（口絵、図7）。今回は果実の観察をしようと考えていたからです。

「ヒサカキというのは本物ではないサカキというニュアンスの名前です。サカキは榊と書くくらいで、神道で神様にお供えする常磐木《ときわぎ》です。ヒサカキは暖かい地方の植物で、九州や西のほうではわりあいふつうの植物ですが、関東以北では少なくなります。それでサカキの代用としてこれが使われます」

といった話や、

「これはイヌツゲです。（セイヨウ）ヒイラギと同じ仲間です。これは黒い実ですが、ヒイラギは赤い実をつけ、常緑の緑の葉との対比がきれいなのでクリスマスに使われます。赤と緑の対比はきれいですから、日本でもナンテンやマンリョウなど同じようにめでたいものとして使われます」

といった話をしながらゆっくり歩きました。

林床植物の調査

津田塾大学までの道は玉川上水のほかの場所に比べて緑の幅がある程度広く、北側には浅い用水があり、その分、上層の木が多くなっています。というわけで、この辺りは玉川上水の代表的な森林群落なので、ここで林の下生えの調査をすることにしました。

適当な場所を選んで面積-種数曲線を描く調査をすることにしました。この調査は5月にもおこないました。

常連のリーさんが言いました。

「最初はなんだかつまんないけど、やっているうちにけっこうおもしろいと思えるようになるわよ」

そうか、つまらなかったんだ。それはそうでしょう。花も実もない植物の名前を記録するだけですから。

でもそれは違います。今日の場合もスイカズラ、ヤブラン、イヌツゲ、コナラなどはしょっちゅう出てきましたが、ノカンゾウやセンニンソウは一度だけでした。私の中では「あ、スイカズラだ。これは林の縁では上に伸びてきれいでいい匂いの花を咲かせるんだ。イヌツゲもさっきは林縁で実をつけていたけど、林では小さくて耐えている感じ。コナラは今はこんなに小さいけど、このうち少しだけが生き延びて大木になる」とか、「ノカンゾウなどは本来明るいところに生えているけど、ここではモヤシみたいにヒョロヒョロで、ぎりぎりで生きているんだな」などと、それぞれの植物の生活史などが頭の中を飛び交います。そして「ヤブランでも小さいのだとジャノヒゲとちょっと見分けがむずかしいかも。ちゃんと認識しなくちゃ」とか「コナラは去年より今年はドングリが少ないみたいだな」など、頭の中をあれこれ駆け巡ります。そんなこんなで、退屈どころか、むしろ慌ただしいのですが、はたから見ているだけだと退屈なのでしょう。

　今日は観察会なので、ひとつひとつの植物の特徴や生き方などを説明したり、

「ここに今までにないのが2種あるけどわかる？」

　などクイズ形式にして探してもらうなどしました。

「あ、これ初めて出たんじゃない？」

「いえ、それはもう出たスイカズラ」

「え、でも葉っぱが違いますよ」

「ああ、スイカズラは若いのは切れ込むんですよ」

「ええ、ぜんぜんわかんない」

「うん、形は違うけど、歯の質感やビロードみたいな毛が生えてるでしょ？　そういうのをよく見ると同じだとわかります」

「ほんとだ」

「新しいのが出てるんだけどな」

　と私。

「え、なにかありました？」

「さっきクサボケに指がさわっていたのに言わないんだもの」

「あれ、気がつかなかった」

植生調査のようす

「私の場合ね、パッとみていろいろあっても同じのはもう済んだという感じでまだ出てないものを探す。そうすると『私ここにありますよ』みたいな感じで植物のほうから存在をアピールするような感じがあるんです」

「へぇー」

　とあきれたような感心したような反応がありました。

面積−種数曲線

「さて、今の2回の結果を見ると、4平方メートルでだいたい10種くらいですよね。野草観察ゾーンだと20種ほど出ます。しかも、種数だけでなく、出てくる植物の中身がどういうものかを見ると、林の植物か草原の植物かの違いがあるので、違いはもっとはっきりします。そういう資料をとっているんです」

ここでその結果を示しておきましょう。横軸に調査面積、縦軸に出現した植物の種数をプロットしたのが「面積−種数曲線」です。グラフは最初のうちは上向きに増えるのですが、次第に頭打ちになって行きます。

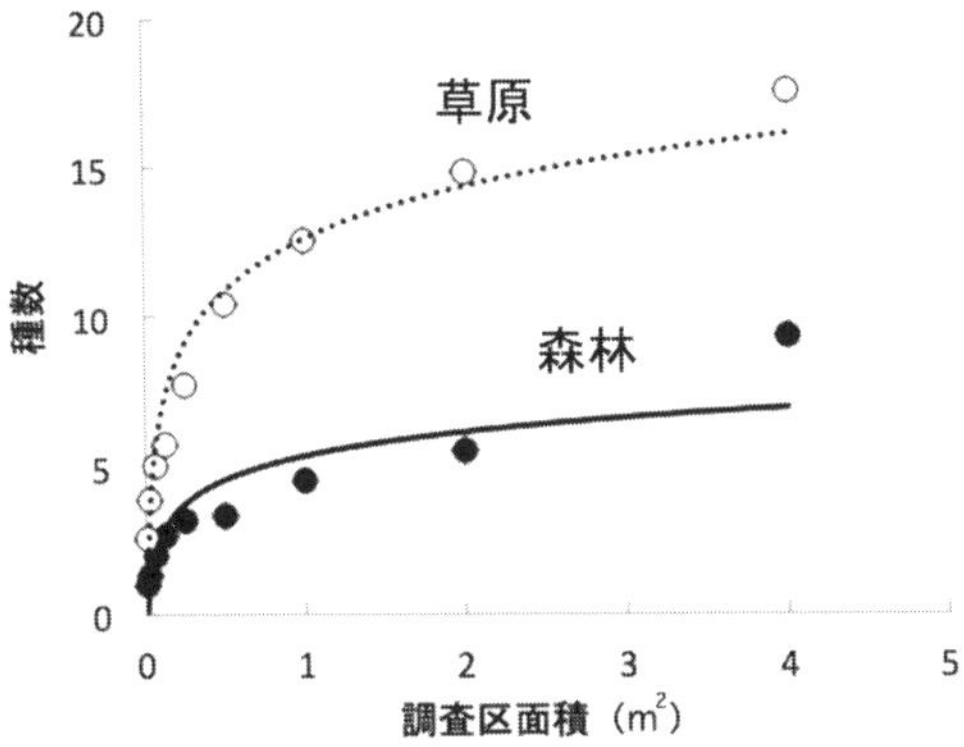

玉川上水の森林と草地でとった面積−種数曲線

ここに示すのは、こうしてデータをとった玉川上水の落葉樹林の6カ所の林床と、野草保護観察ゾーンなどの明るい群落7カ所分の平均値です。これを見ると、草地でほぼ2倍の種数があり、草地というのは上層木を除去したところですから、上層木の除去は地表の植物の種数を大きく増加させることがわかります。

ケヤキの「果実」

しばらく行くと、クモの巣にケヤキの「小枝」がひっかかっていました。長さ10センチメートルほどのもので、葉が数枚ついていて、その付け根に数個の種子がついています。植物学的には枝先ということになるのですが、実際はこの部分が折れやすくなっていて、風が吹くとこの単位で風に飛ばさるのです。したがってこれが全体として「果実」のように機能しています。これは東京農

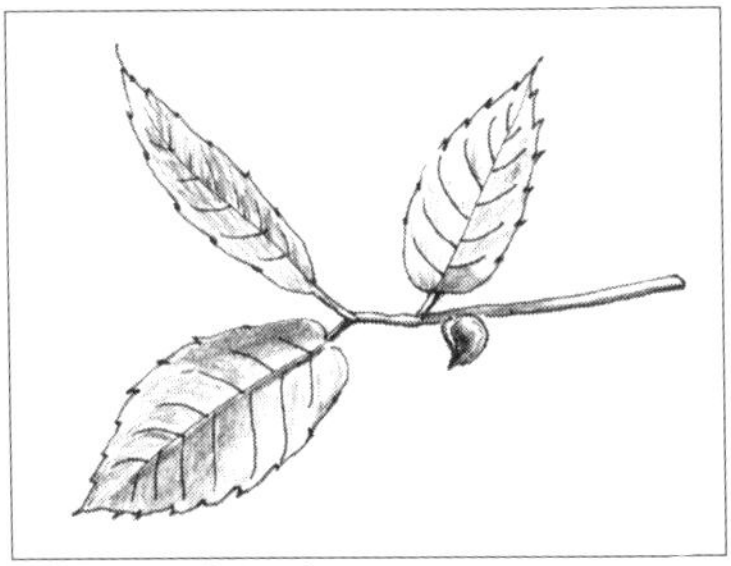
ケヤキの「枝先」

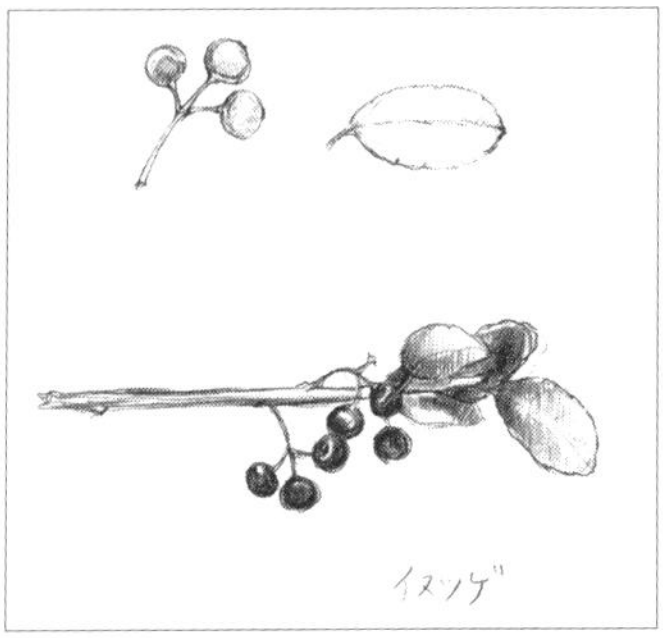

清原さんのスケッチ

気持ちのよい木漏れ日の中でスケッチをする

工大学の星野義延《よしのぶ》先生が発見したことで、気づいてみれば当たり前のことですが、それまで誰も気づかなかったことです。

果実のスケッチ

府中街道を越えて津田塾大学の南側に行くと明るくなりました。ここにヤブミョウガ、ムラサキシキブ、ヤブラン、ノイバラ、ガマズミなどの果実がありました。ここで果実のスケッチをすることにしました。

「適当に場所を見つけてスケッチすることにします」

「日射しが気持ちよくて眠くなりそうだね」

楽しそうに話をしながらスケッチが始まりました。さすがに美大生だけあって、デッサンが確かなものです。図は清原笑子さんのスケッチを紹介します。

私も6種の果実を描きました（口絵、図6）。

果実と種子散布

いい時間になったので、まとめとして次のようなことを言いました。

「今日はたったの400メートルを2時間半もかけてゆっくりゆっくり歩きました。でもその短い中にいろいろな果実がありました。果実といってもケヤキやカエデのように風で飛ぶものとは違います。色がきれいで、果肉があるベリーと呼ばれる果実です。ヤブランとヤブミョウガは単子葉植物です。これらと双子葉植物は根本的に違います。それから、草本と木本があり、ヒヨドリジョウゴは草本でそのほかのものは木本です。木本の中にはさまざまな科があり、ヒサカキはツバキ科、イヌツゲはモチノキ科、ノイバラはバラ科、ムラサキシキブはクマツヅラ科とそれぞれ別の科に属しています。つまりさまざまに違う仲間なので、花はまったく違う形をしています。また中に入っている種子もヒサカキは小さなものがたくさんありますが、ヤブランでは大きな種子が1個入っているだけです。

それなのに、みなだいたい直径5ミリメートルから1センチメートルくらいでツヤツヤしていて、赤から黒など、緑の中で目立つ色をしています。黒は人の目にはあまり目立ちませんが、鳥の目には目立つのだそうです。これには理由があるはずで、それは動物、とくに鳥に食べてもらうためなのです。自分では動けない植物は種子を運ぶためにさまざまな工夫をしています。今日観察したのは動物を利用しようとするものです。私たちは、果実は季節になれば森を彩るために色づく程度に思いがちですが、植物はそんな目的で色づくわけではありません。動物に食べてもらい、種子を運んでもらうため、すべて自分自身のためです。そのために『おいしい実がありますよ』とせ宣伝して、動物の目を惹いているわけです」

「宣伝かぁ」

みんな驚きながらも納得したようでした。

12月の観察会——果実を観察する

色づく果実

12月は鷹の橋から西のほうに行くことにしました。歩いて行くと、まずマサキがありました。マサキの仲間は仮種皮《かしゅひ》というものを作るので、解説をしました（マサキをはじめ、果実の写真を口絵、図7に示しました）。ヒサカキとイヌツゲもありましたが、ほとんど黒といってよいほどの濃い紫色なので緑の中にあっても目立ちません。

ゴンズイはピークを過ぎていましたが、目立つ果実を見せていました。ネズミモチもよく結実していました。これも黒であまり目立ちません。ムラサキシキブはわりあいよくありますが、すでにピークをすぎて半分くらいしか果実が残っていませんでした。

ジャノヒゲの株があったので、葉を分けて探すと青い実がありました。

「ジャノヒゲがありました。夏にかわいい花が咲いていましたが、こんなきれいな実になりました。この青は磁器の青みたいです。こっちにあるのは仲間のヤブランで、こちらは穂をスーッと伸ばすので目立ちますが、ジャノヒゲのほうは地面ぎりぎりなのでふつうは見えないくらいです。鳥はこれを見つけるんですかね」

目のよい人がシロダモの赤い果実を見つけました。

「シロダモは葉を見てもらうとわかりますが、クスノキの仲間です。ただ葉が大きくて、裏側が白く、長い毛が生えています」

もみじ

「シロダモって新芽のときにビロードみたいに毛が生えていますか?」

「そうです」

見上げると青空を背景にしたコナラの黄葉がきれいでした。

「みなさんあまり言ってくれませんが、私はコナラの黄葉は実にすばらしいと思います。なんといってもきれいだし、木ごとに色が違い、色が抜けたように枯葉色になるものもあれば、黄色が強いもの、ほとんど赤に近い褐色などさまざまです。木ごとに違うだけでなく、ひとつの木の中でも枝によって違うし、ひと枝のなかでも違うことがあります。ほら、あれなんか緑色の葉も混じっています。そういう多様性がいいと思うんですよ」

「紅葉というと鮮やかな色がイメージされますが、私はこういうのが好きだな。これはミズキです。ミズキの葉はイヌシデなどの葉脈が平行なまま縁に達するのと違い、縁に近づくとカーブします。これを『流れる』といいます。

この葉は紅葉といっても、カエデのように鮮やかになるのではなく、色が抜けたような感じで、これに日が当たるとなかなかきれいです」

そう言ったあとで、今度はそのカエデの一種であるヤマモミジがありました。確かにきれいです。

「あそこにカエデがあります。ヤマモミジといいます。そもそも『もみじ』というのは緑色の葉が赤や黄色に変化することで、『草もみじ』などということばもあるし、『もみじする』とも言います。一方、カエデのほうは『カエルの手』で、5本の指をピンと開いたようすを言います。赤ちゃんの手をカエデにたとえることがありますが、あの感じです。そのカエルの手のような葉をつける木をカエデといったのですが、それがきれいに紅葉《もみじ》する

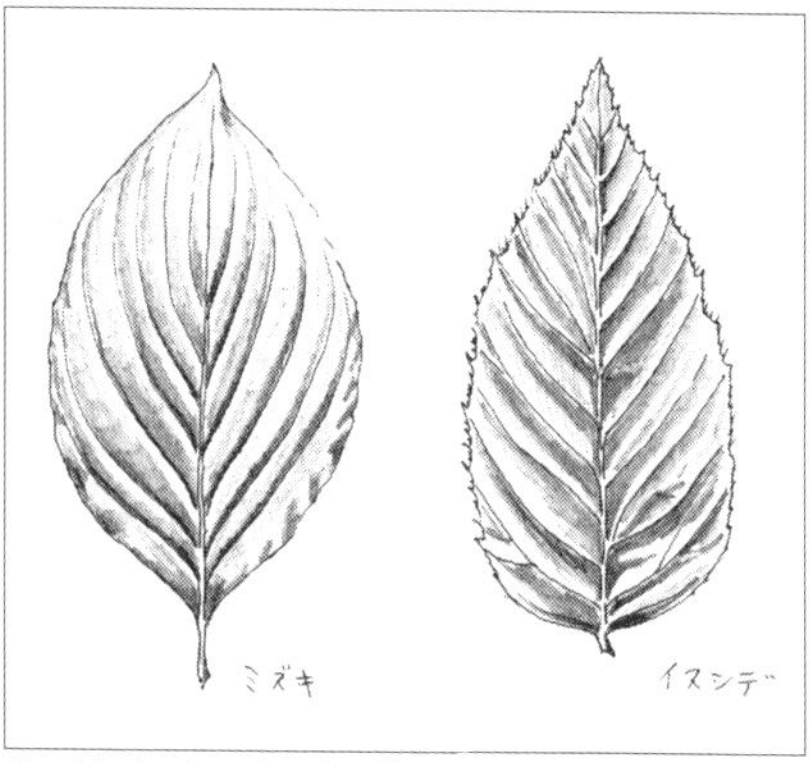

ミズキとイヌシデの葉

ので『これこそモミジ』ということでカエデがモミジになってしまいました。なんといってもカエデの紅葉はきれいです」

　玉川上水では紅葉の立体的な組み合わせが見られます。岸にはコナラが黄褐色のそうがありますが、堀の方にはカエデとかヤマコウバシなどがあり、赤や茶色が目立ちます。玉川上水の水面に近いところには、アオキ、ヤツデ、シュロなどの常緑低木があります。このためそれらが組み合わさってきれいです。これを錦というのだと思います（口絵、図8）。

ヒヨドリジョウゴとアオツヅラフジ

「これは何ですか?」

見るとヒヨドリジョウゴでした（口絵、図7）。

「この実をよく見てください。がくの部分をみると、きちっとした星型に5枚がきれいにならんでいます。その感じと真っ赤で果実がみずみずしいところはミニミニのトマトみたいだと思いませんか?」

「ほんとだ、かわいぃ!?」

「実際これはトマトと同じナス科です」

　果実なら食べてみることにしているらしいリーさんが口にしました。

「食べないほうがいいですよ」

と植物に詳しい人が言いましたが、リーさんはもう食べていました。でもシアン毒でなければ量の問題で微量であれば問題はありません。

アオツヅラフジの種子を取り出す

「葉っぱはアサガオみたいに3つに分かれています、ヒヨドリジョウゴといいます」

　その先にアオツヅラフジの果実があったので（口絵、図7）、学生に

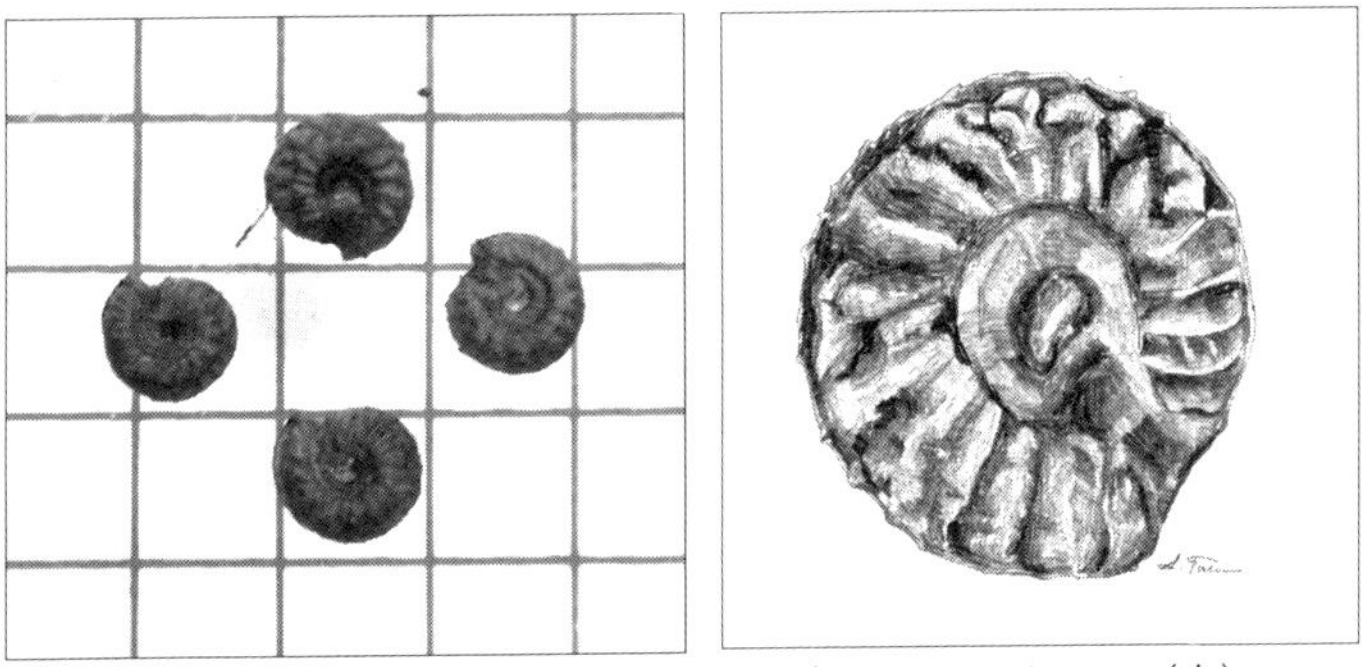

アオツヅラフジの種子（左、格子間隔は5mm）とそのスケッチ（右）

「この実のなかにある種子をこれで取り出して」

とピンセットを渡して頼みました。

「あ、貝みたい」

アオツヅラフジの種子が見えてきたので、それを見ていた人が言いました。この種子は実に不思議な形をしていて、アンモナイトに似ています。

ノイバラとカマツカ

さらに進むとノイバラの果実がありました（口絵、図7）。

「これが初夏に白い花を咲かせていたノイバラです。この実がローズヒップで、お茶にするものです。ただ園芸種のバラのローズヒップはもっと大きいです。それよりもずっと大きいのはハマナスで、饅頭みたいに上下に扁平です」

もうひとつ下見で確認していたのがカマツカです（口絵、図7）。

「これがカマツカです。カマツカもゴンズイと同じで同じ名前の魚がいます。あまり残っていないので、気が引けますが、実《じつ》はこれを食べて欲しかったんです。何かの味がするはずです」

「食べたい、食べたい」

「何の味がする？」

「うーん、なんだろう？」

「あれかな、リンゴ」

「そう、リンゴの味がするでしょう？　私はそう感じました。実《じつ》はカマツカはバラ科で、リンゴもバラ科、わりあい近縁なんです。だから、果実の成分も進化の中で共通のものがあって当然です。共通の祖先をもっていたということです」

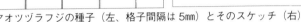

「へぇー、おもしろい！」

わずか８００メートルを２時間ほどで歩いただけですが、その短い距離に20種ほどもの果実が見つかったのはちょっとした驚きで、改めて玉川上水の生物多様性の豊富さを感じました。

子ども観察会
――タヌキのうんちをさがしてみよう

子どもにも見せたいね

３月から始めた玉川上水の観察会も12月まで続け、並行して進めた調査でいろいろなことがわかってきました。中でも津田塾大学のタヌキについては良い展開がありました。そんなとき、この活動の中心的存在であるリー智子さんから、津田塾大学のタヌキについて子どもに体験させることはできないだろうかという相談を受けました。私は半生を動植物を調べることに費やしてきましたが、それを通じて覚えたことや考えたことを子どもたちに伝えたいという思いがあるので、よろこんで引き受けることにしました。津田塾大学にお願いしたらありがたいことに快く了解してくださいました。私は子どもたちに次のような案内文を作りました。

「タヌキのうんちをさがしてみよう」

玉川上水《たまがわじょうすい》にはよい林《はやし》があるので、いろいろな動物《どうぶつ》もいます。カブトムシやクワガタもいるし、小鳥《ことり》もいます。それになんとタヌキもいるのです。でもひるまはやぶなどにかくれているので、すがたをみることはありません。でもセンサーカメラというカメラをおいておくとタヌキがうつることがあるのです。シカなどはどこでもうんちをしますが、タヌキはきまったところにうんちをします。それを「ためふん」といいます。私《わたし》は津田塾大学《つだじゅくだいがく》のなかに「ためふん」があるのをしっているので、ときどきいってうんちをひろっています。それをしらべるとタヌキがなにをたべているかがわかるからです。

こんど、みなさんをその「ためふん」のあるところにつれていってあげます。どんなところかよく見てください。そしてタヌキのうんちの中になにが入っているか、しらべてみたいと思います。

うんちをするタヌキ

タヌふんはかせ　たかつき　せいき

観察会の日

１月６日、就学前から６年生までの17人の子どもたちと、保護者とスタッフ21名もの予想以上の人数が集まりました。ちょっと寒かったのですが、快晴の気持ちよい天気になりました。

　津田塾大学は正面に古い様式の本館があり、その前に広々とした芝生があります。初めにそこでタヌキについての説明をしました。

「こんにちは。今日はこの津田塾大学でタヌキのことを調べます。私は高槻先生といいますが、タヌキの糞を調べているので、今日は『タヌフン博士』という名前にします」

　紙粘土で作ったタヌキのお面も使って少し説明をすることにしました。

「みなさんの家ではイヌやネコを飼っているかもしれません。イヌやネコは人が食べものをくれますが、タヌキは自分で探して生きています。こういう動物を野生動物といいます。野生動物はふつう山などにすんでいますが、実はこの大学の中にもすんでいることがわかりました。

　どうしてわかったかというと2つのことを調べたからです。ひとつはカメラを置いておくと、前を通った動物が写るので、それで確認しました。もうひとつは、タヌキはトイレのように決まった場所でウンチをするのですが、それがこの大学の中にあったんです。

タヌキのお面を使って説明する（撮影：高野丈さん）

　なぜここにいるかというと、ちょっと見てください。この大学には大きな木がたくさんあって林になっています。周りには道路があったり、家がたくさんありますから、タヌキにとっては暮らしにくいのです。でも、この大学の中は木が多いので、タヌキが暮らすのにつごうがよいところみたいなんです」
　それから、キャンパス内を歩いて移動しました。正月休みなので大学はひっそりしていました。グラウンドを経由してタメフン場に向かいました。

タメフンを見る

タメフン場に案内すると、子どもたちは初めて見るタヌキの糞を興味深げに見ていました。

分析用に糞を拾うことにしました。私はいつもするように、ゴム手袋をし、それからポリ袋を取り出しました。

「大きい子にお願いだけど、ポリ袋にこのペンで2017・1・6と書いて、その下に1と書いてくれる？

タメフンを説明する（撮影：高野さん）

動物や植物を拾ったりするときは、必ずいつ、どこで拾ったかがわかるように、書いておくんだよ。今日はここでしか拾わないから場所は書かなくていいよ。最後の1というのは今日の糞の1番目という意味だよ」

ポリ袋に必要情報を書いてもらい、中に糞を入れました。

その後、津田梅子先生の墓所を見てから、もう1カ所のタメフン場に向かいました。途中にマンリョウの実がなっていたので、説明しました。

マンリョウの果実の説明（撮影：豊口信行さん）

「ここに赤い実がなってます。緑の中に赤い実があると目立つでしょう。植物はタネを動物に運んでもらうために『ここにおいしい実がありますよ』と宣伝してるんだよ。鳥はこれを見つけておいしいと思って食べるけど、植物は鳥にサービスしてるわけではなくて、おいしい実で鳥をひきつけて中にあるタネを運んでもらうのが目的なんだね」

糞を洗う

タメフン場にアクセスする前にササ藪を進みました。

笹ヤブを進む（撮影：高野さん）

ここのササはクマザサといい、高さが大人の腰くらいなので、大人は先を見ながら進めますが、子どもにとっては自分の背丈くらいあるので、景色は見通せません。子どもたちにとってはササ藪の中を進むのは、ふだんあまり経験しない感覚だったと思います。宮崎駿監督の『となりのトトロ』に藪の中を進んで不思議な世界に入る場面がありますが、ちょっとあの感じだったかもしれません。

そこのタメフン場にも新しい糞があり、いくつか採集しました。それからセンサーカメラの確認をしました。カメラからカードを抜いてノートパソコンでチェックしたら、タヌキが写っていました。パソコンを開いて映像を見ると、子どもたちが自分も見たくて、パソコンを覗き込んでいました。

このときの映像が印象的だったようで、その絵を描いた子がいました。

ここでも何個かの糞を拾ってポリ袋に入れました。それから、水撒《ま》きに使うホースのついた水道があるので、その水を借りて2個の糞をふるいの上で水洗しました。ホースは子どもに持ってもらいました。糞が乾燥していたので、歯ブラシでこすってもなかなかほぐれません。

ウンチをするタヌキとカメラ（１年生あかね）

糞を水洗する（撮影：高野さん）

がんばってゴシゴシこするとようやく中身が出てきましたが、今はあまり果実を食べていないようで、小さなイネ科の種子しか確認できませんでした。種子が出ないときは、哺乳類の毛や鳥の羽毛が出ることが多いのですが、それも見当たりませんでした。ただし輪ゴムは出てきました。糞の中身を見せるにはよくない季節だったようです。

骨を観察

それから津田公民館に移動しました。広い部屋で、

「タヌキはこのお面のように丸い顔をしていると思っているけど、実《じつ》はそれは頬にある毛が長くて『毛ぶくれ』しているからで、ほんとうは細長いんだよ」

と言って持参した本物のタヌキの頭骨を紹介しました。

「タヌキは木の実などをよく食べるけど、タヌキの糞からは、夏には昆虫、冬にはネズミや鳥などの骨や毛などが出てくるんだ。タヌキはオオカミやライオンなどと同じ肉を食べる動物の仲間なので、ほら見て、とても鋭くとがった歯が並んでるでしょう？　実《じつ》はもうひとつ骨の標本を持ってきたよ。シカです。シカは草を食べるので、葉をすりつぶすように、歯の上が波打つようになっていて、これでアゴを左右に動かすんだ。ではこれからタヌキとシカの頭を回すのでよく見ていてね」

タヌキの頭骨を観察する（撮影：上・豊口さん、下・高野さん）

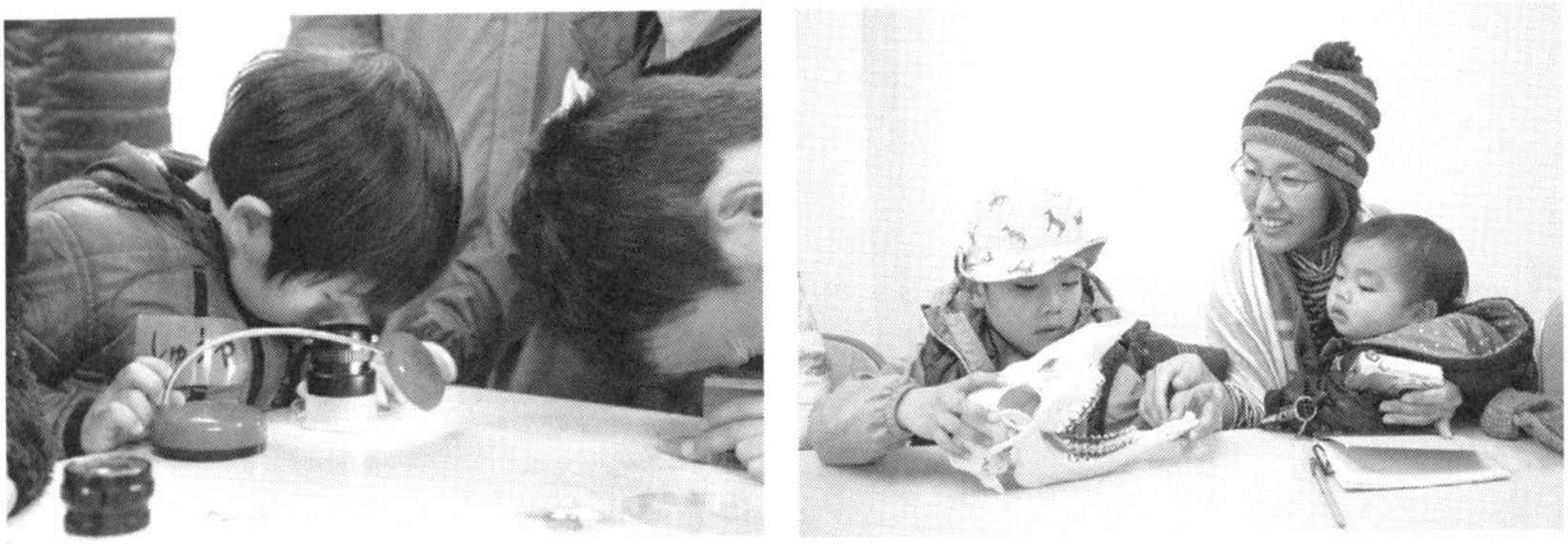

ルーペを覗く（左）（撮影：豊口さん）、シカの頭骨を観察する（右）（撮影：高野さん）

といって頭骨標本を見てもらいました。目を丸くして眺めている子もいたし、デジカメを持参して写している子もいて、時代は変わったものだと思いました。

　それから、さっき水洗した糞から取り出したイネ科の種子と輪ゴムの切れ端をルーペで見てもらいました。同時に、これまでタヌキの糞から検出したカキやムクノキの種子、ゴム手袋の破片、チョコレートの包装紙なども見せました。子どもたちはルーペを覗くのがおもしろいようでした。

認定証

　時間も来たので、切り上げることにして、終わる前に温めていたアイデアを披瀝《ひれき》することにしました。参加してくれる子どもたちに何か思い出になるものを準備したいと思い、「認定証」と小さい子ども用にタヌキの人形を作っておいたので、それを贈呈することにしました。「認定証」にはタヌフン博士から「タヌフン・ミニ博士になったことを認めます」という文章を書きました。

　タヌキの人形は初めての試みだったのですが、今は軽くて質のよい紙粘土があるので、彩色もでき、作るのはなかなか楽しい作業でした。手でこねるので、もちろんひとつひとつ形が違うし、絵の具の塗り方も違います。底にはひとりひとりの名前を書いておきました。そのほうが「自分がもらったもの」という感じがすると思ったからです。

　少し横道にそれますが、認定証の縁取りについて書いておきます。私は認定証の文章とイラストを決めたあと、縁取りをどうしようかと考えました。もともとパロディーのようなものですから、よくある賞状のように金色の鳳凰などの模様にしてもよかったのですが、ああいう「できるだけ豪華らしくみせたい」というものでなく、感じのよいものにしたいと思いました。それで濃い青と薄いミルクコーヒーのような色を組み合わせた渋めのものにしました。

私は「子どもだまし」ということばが嫌いです。そこには「子どもは単純で微妙なことはわかるはずがない」という見下しがあります。また子どもは子どもらしく原色のピンクや水色を組み合わせるというものよく見ます。書店で児童書のコーナーに行くと、気持ちが悪くなるようなどぎつい黄色に真っ赤な文字の本が並んでいます。目立てばよいと言わんばかりです。

タヌキの人形（上）とミニ博士の認定証（下）

これらに通底するのは、子どもは色彩感覚も単純であり、目立つものに反応するに違いないという、やはり見下した精神です。

でも、私はむしろ逆だと思います。大人なら茶碗の色など違っても食べ物の味が変わるわけではないと考えますが、子どもにとってはお気に入りの茶碗以外では食べたくない、あるいは食べられないと感じるものです。色や音に対する感性も鋭いものです。そのよい証拠に、子どもは大人が勝手に「そうであろう」と思って作る子どもだましのおもちゃより、本当に大人が使う道具で遊びたがるものです。それは子どもたちが本物を見通す鋭い目を持っているからにほかなりません。だからこそ、私は子どもには本当によいものを見せるべきだと思うのです。そういう気持ちもあって「認定証」の枠の色はよく考えて選んだ

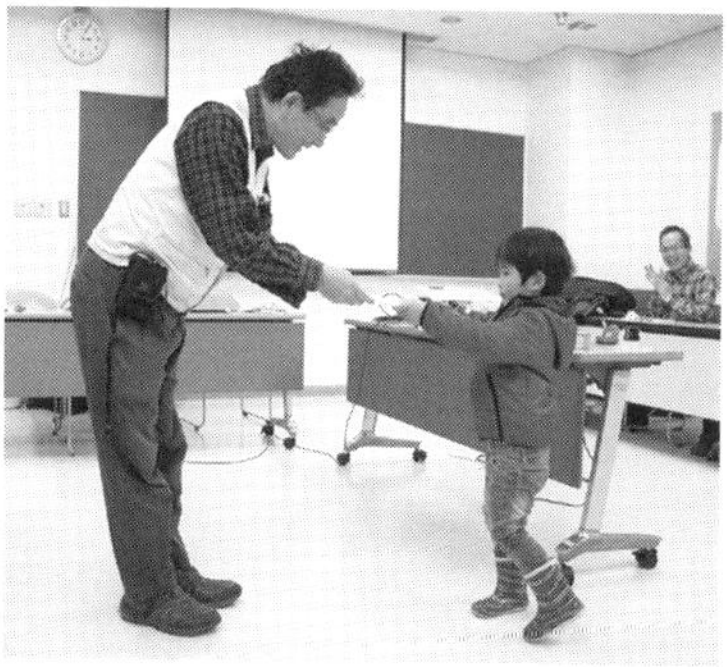

「認定証」をわたす（撮影：高野さん）

というわけです。

さて、会場で「認定証」とタヌキの人形を手渡すと、名前を呼ばれた子どもは少し緊張気味に受け取っていました。大人からは暖かい拍手が沸き起こりました。

まとめ

大学生を相手にしてきた私には小さい子どもたちにどう接してよいのか自信がありませんでした。実際、今回の観察会ではタヌキそのものは見えないのですから、それほどドラマチックな「発見劇」があるわけでもなく、子どもがどれほど興味をもったかも測り難いところがありました。ただ、フンの中身を覗くところ、撮影結果をパソコンで確認するときなどには明らかに興味を示していたし、糞を拾うところや水洗するところは「へえ、こういうことをするんだ」という顔をしていたのは確かです。それに私が子どもにする説明を聞く大人が興味を示してくださったので、そのことが子どもに「なんだかおもしろがっているみたいだ」と感じさせたように思います。

後に紹介する参加者の感想を読むと、タヌキそのものが見られなくても十分に学ぶものがあったこと、その要素として本物を見せることが力を発揮すること、大人の「配慮」よりも本物に接すれば子どもは「通訳なし」に直接感じ取るということ、大人が本気で取り組んでいる姿勢を見せることがよい、というようなことがうかがえました。大いにほっとしたのは、子どもに接する技術的なことを知らなくても、生きものに向き合って来た私の半生そのものが子どもに与えるものがあると言ってもらえたことで、ちょっと自信を持てたように思います。

なんといっても、東京の市街地の中の緑地に野生動物のタヌキがいるということは驚くべきことであり、よろこばしいことでもあります。子どもたちにそのことを直接話すことはしませんでしたが、子どもたちの心に小さな種子を残せたら、とても価値のあることだと思いました。

帰り道、私の胸をいつもの観察会とは違うほっこりした気持ちが充たしていました。

《コラム》子ども観察会の感想

当日の参加者の感想を子ども、保護者、スタッフ・見学者の順に紹介します。

◆子ども

♣あがわえま（4歳）

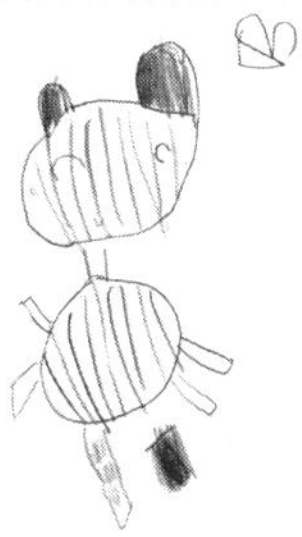

♣こばやしあおい（5歳）

おもしろかった。カメラの写真が見れたのがおもしろかった。ホネをふたつ大きさを比べたところがおもしろかった。タヌキのホネは思ったより小さかった。あのカメラがかっこよかった。

♣たかつき　あかね（1年生）

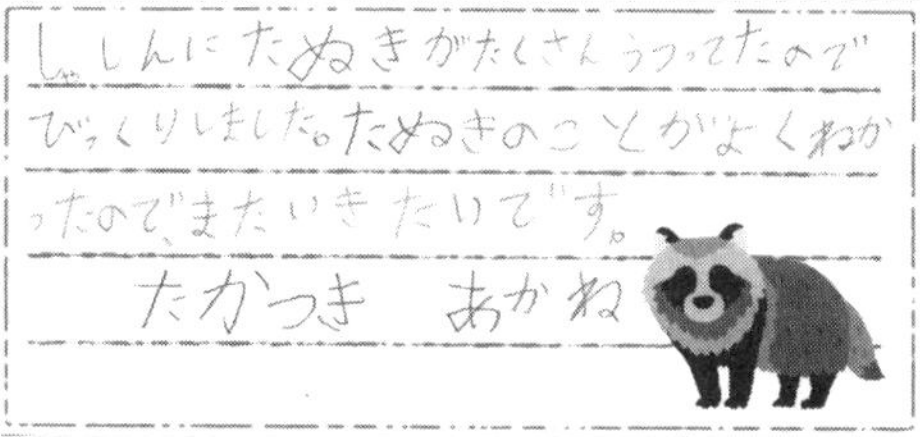

しゃしんにたぬきがたくさんうつってたのでびっくりしました。たぬきのことがよくわかったのでまたいきたいです。
たかつき　あかね

♣坂野遙（4年生）

タヌフン博士　高槻成紀さんへ

タメフン・タヌキのほねをかんさつして、とても楽しかったです。にんてんしょう、ありがとうございます。*本は読みおわっていませんが、読みおわったら感想を書くのでまっていてください。わたしはタヌキはみたことがあります。どこだかというと、野山北六道山公園という都立の公園で、一番広い公園で見ました。がまやすすきがはえているぬまちで、タヌキが2ひき走っていました。見たときはビックリしてしまいました。去年そこで1年間お米作りをやっていました。タヌキの写真と足あとしかその後、見ていません。タヌキはいがいな食べ物を食べているんだと思いました。タヌキはフンを一カ所にためているのでビックリしました。タヌキは夜中や朝にこうどうすることも分かりました。大学でタヌキがくらしていてすごいと思っていました。タヌキが生きつづけてほしいです。

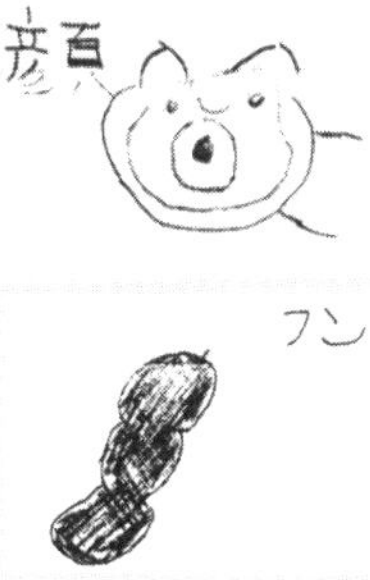

＊高槻『動物のくらし』２０１６年のこと。

♣高槻柊（４年生）

♣高槻遼大（６年生）

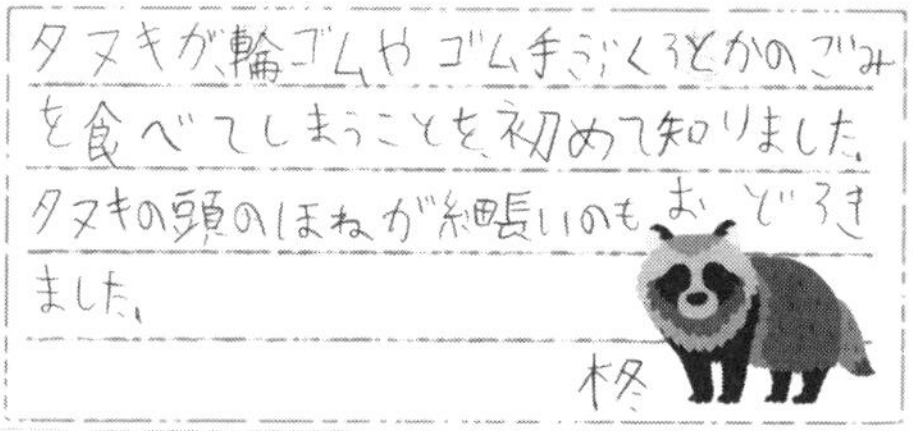
タヌキが、輪ゴムやゴム手ぶくろとかのごみを食べてしまうことを、初めて知りました。タヌキの頭のほねが細長いのもおどろきました。

柊

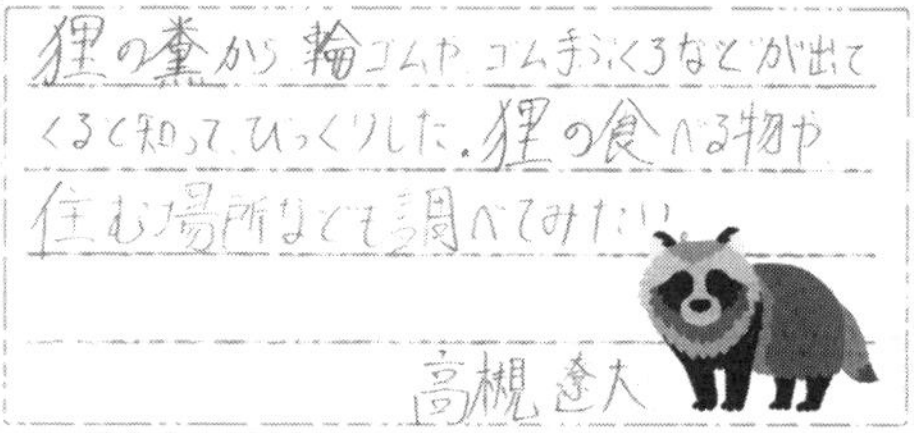
狸の糞から、輪ゴムや、ゴム手ぶくろなどが出てくると知って、びっくりした。狸の食べる物や住む場所なども調べてみたい。

高槻遼大

◆**保護者**

♣井上志保

今日は素敵な時間を共有していただき、ありがとうございました。先生が子ども達に伝えようとしていらっしゃるものが垣間見れた気がします。

空人は撮影したもの、講義で聞いて知ったことなど、帰宅してからたくさん話してくれました。タヌキのフンのことを興奮気味に語ってくれました。分解の仕方、ゴミが残ることもあるということ、タネはどんな感じか、それを鳥がまた運ぶことなど。それから「自然が好きだから、動物が大好きだから、タヌキのことに詳しくなれてうれしかったなぁ」とか「あおいのおじいちゃんは、何で動物やフンに興味をもったのかなぁ？聞けばよかったなぁ」とも。

「タヌフン博士」という命名もいたく気に入っていました。

生きもののことっていいですね。本当にありがとうございました。

♣小林夕美子

最初の話、小道具もあったり、親しみのある話し方で、子どもたちは入りやすかったと思います。子どもに伝えたい、リラックスした空間で楽しんでほしい、といった想いが伝わってきました。子どもにとっても、はじめての場所で、やることもユニークだし、人数も多く、緊張するかと思いましたが、そういうこともなく、かといってふざけたりする子どももいなかったのは、子どもたちにも先生の誠意が伝わったからだと思います。

実際にしている調査の現場に行く、糞を洗うなどがすごくよかったです。本で読んだりテレビで見るより、子どもが実物を体験できることは、大人が教えようとしていること以上のものを見つけたり感じたりすることができると思います。

今後の参考にいくつか改良点をあげてみます。質問コーナーがあるとよかったと思います。友達と「タヌキは昼間どこにいるんだろうね？　質問コーナーがあれば聞いたんだけど」と話しました。

人数は半分くらいだとよかったかもしれません。でも、あの人数のわりには、いい雰囲気でできていたかと思います。

事前にカメラ、筆記用具持って来るようにとありましたが、不要だったかもしれません。おとなは「ここは撮らなきゃ」、子どもは「なにか書かなきゃ」になってしまうのは、もったいないです。

それから、最後のまとめをもう少しわかりやすくして欲しかったです。せっかくなので、「身近にも動物が暮らしているんだよ。夜しか行動しない生きものでも糞や写真からどういうふうに暮らしているか、知ることができるんだよ、博士はそうやって調べているんだよ」などていねいに話すとこどもに伝わりやすかったと思いました。

♣下津彩子

長男が一番心を動かされていたのは、先生が、糞を次々に拾って、ささっと袋に入れていき、ひざを濡らし、目を凝らしながら、糞を洗って中身を洗い出す姿でした。人々がいなくなった後、ため糞をじっくり眺めながら、「先生、すごく楽しそう。こうやって調べてるんだ」と目を丸くしていました。

次男は、骨に一番関心があったようです。まわってきた骨をじっくり見て、歯のかみ合わせをそろえたり、上下左右に動かしたりして、しきりに写真を撮っていました。先生の本（『動物のくらし』）を「これすごいなあ。おもしろいなあ」と言いながら、じっくり読み進めています。

子どもたちのイキイキした姿を見ていると、人間も自然の一部だなあと思うことが多いのですが、今日は、タヌキのような、身近に暮らす生きものの存在を感じることができて、都会でも、タヌキだって、田舎育ちの私だって、暮らしていけるんだ！　と、うれしくなりました。

♣山﨑恵美
息子は、まだ1年生なので、理解力も感じることを言葉にしたりすることは上手くはありませんが、大学の茂みにタヌキが来るということが不思議で仕方なかったようで、さまざまな思いを胸に帰ってきたようです。
4歳の下の女の子も、意外なことに先生にベッタリついて歩いて、お話や作業に釘付けで感心しました。
今回のように、実際の調査地に足を踏み入れることは、奥深い体験で、親としても、とても勉強になりました。

◎スタッフ・見学者
♣石井おりえ（童話作家）

冬晴れの日差しのもと、まるで遠足のような雰囲気で津田塾大学の芝生からスタートし、高槻先生の、「タヌキがこの近くに住んでいるのが分かったのです」から始まったうんちにつながるお話はすごくわかりやすく、大人の私が聞いていても、すっと入っていける内容でした。お手製のたぬきの仮面もほんわりユニークで、笑い声も上がり、場が和んでいました。

先生に誘導され、タメフンがある場所に連れて行ってもらい、その場に設置されたカメラの映像に写ったタヌキの映像をパソコンで見せられた時は、ハッとしました。「ほんとに、自分が住む小平市にタヌキが生息しているのだ」と。

フンを採取した後、ヤブをぬけ、先生が子どもたちとフンを水で洗う作業。ふと、顔を上げてその風景を見てみたら、そこにぽっかりと光が当たっているようでした。子どもたちは、自然に好奇心のままにその作業をしていて心地よい時間でした。

自分の中に、ぼわーっと何かが広がるような気がしています。人間だけの世界で暮しがあるのではなく、いろいろな生きものとのつながりの中で生きていることを、もっと実感できるようになったら、自然や人を見る感覚が豊かに広がっていくような気がします。

♣豊口 信行

自然の中に子どもがたくさんいる風景はとてもいいですね。いつも無条件に心が踊ります。

今回タヌキのタメフンの調査を子ども向けにすると聞いた時は、正直不安を感じました。本物のタヌキを見れる訳ではなく、また、冬なので昆虫も見られず、子どもたちは楽しめるだろうかという不安がありました。

タメフン場を目指してグラウンドを横切る
(撮影：豊口さん)

でも、天気にも恵まれ、会のはじめから雰囲気がよいと感じました。そこにはもちろん、先生のお話やご用意された小道具の数々が効いていたと思います。最初のタメフンの場所に向かって先頭を歩く先生と、その周りを囲んでくっついて歩く子どもたちの姿はとても好ましかったです。

タメフン場に行く際にクマザサの藪を進みましたが、小さな子どもは頭が隠れるほどでした。ちょっとした冒険っぽい雰囲気もあり、あそこをズンズン進んだのはとてもよかったと思います。

水洗の様子も皆熱心に見入っていました。

ぼくが驚いたのは、先生が子どもたちに認定証とタヌキのマスコットを用意されていたことでした。しかもどちらも名前が入ったものを。フィールドに出る前の準備に向けられた意識と充てられた時間について、頭が下がる思いでした。

♣溝口もと

高槻先生のタヌキのお面は、「タヌキには会えないけど、タヌキはちゃんといるんだ！」というイメージを膨らませ、想像させる手がかりになったと思いました。

採取したフンのビニール袋に日付けを記入させたことは、「何がわかるんだろう？」という興味を膨らませるきっかけになり、観察する方法をひとつ学べたと思います。

フンを水洗したとき、幼稚園くらいのこどもが、そのフンを洗う仕草を真似していました。調べるという行為をおもしろいと感じたからだと思います。先生が一生懸命、メガネを外して、じっと観察していたことの記憶は、ずっと残ると思います。

ミニタヌフン博士の粘土細工、あたしもほしいくらいです。

♣リー智子（主催団体代表）

高槻先生の準備が素晴らしいと思いました。こどもたちのどんなちょっとした疑問についても、解説がわかりやすく、人生を通じて研究されてきた厚みを感じました。先生は子ども向けの観察会は初めてで、あまり自信がなかったということでしたが、そんなことにはまったく関係なく、子ども達の心を惹きつけていました。子ども相手に観察会などをやってきたかどうかよりも、中身の深さが子どもの心を惹きつけるのだと思います。むしろ子どもだからこそ、正直なので、面白くなければそっぽを向いていたと思います。観察会のようすを見て、素晴らしい先生と出会ったと、しみじみ感じました。

第5章

タヌキを調べる

生きもののつながり

玉川上水の観察会を進めるかたわら、調査を続けました。内容はタヌキ、糞虫、花に来る訪花昆虫、植生となりますが、少し説明をしておきます。

大きくいうと、玉川上水が都市の市街地を流れる運河であり、その緑地は細く、長い、だから、そのことを意識的に調べたようと考えました。そして、その調査はよくある「動植物調査報告書」のように動植物名のリストを作るものではなく、生きものの息吹を伝えるものにしたいと思いました。

生きもののつながり「リンク」

私の中で玉川上水は「貴重であり、ふつうな自然」です。矛盾することのことについて説明をしておきます。貴重であるほうは、さまざまな場所でいわれるように、江戸時代からの遺産であり、しかもそれが現在でも活きた形で活用されているという意味です。ではなぜそれが「ふつう」であるのか。それは玉川上水には、多くの自然保護の基準で価値が高いとされるような動植物はとくにあるわけではないということです。もちろん、今後調査が進めばそのような生きものも見つかるでしょう。でも、重要なことは貴重な生きものがいるから貴重なのではないということです。

アツモリソウというランがありますが、きれいで数が少ないために、盗掘されて絶滅した場所がたくさんあります。また、トキもかつては珍しい鳥ではなかったのですが、今や絶滅して中国に残った個体を復活させようとしています。そういう希少な動植物に比べれば、たとえばオオバコとかスズメなどは、とくにきれいでもなく、また数が多い「ふつうの」動植物であり、これらを保護する人はいません。そういう生きものをとくに注目したり大切にしないというのは人の心理として自然なことですから、それをよくないとは言えません。しかし、そういう態度はふつうの生きものを軽視することであり、それは一種の差別だといえます。ですから、そうではなく、むしろありふれたふつうの生きものを尊重してみようと思うのです。

そのふつうの生きものの価値を知るには、「いる」ことを知ることでは十分ではありません。いることだけが重要であるなら、専門家を呼んできて調べてもらえばすむことです。現にそうすることでたくさんの報告書が作られています。でも、生きものがいることの意味はただリスト化されることではなく、その生きものがいかに生きているかを知ることを通じてはじめて理解されるのだと思います。

このことを小学校の教室になぞらえて考えてみましょう。新学期に担任の先生は子どもたちの名前を覚えます。これがリストです。父母会に「教室の報告」をするということは、リストを読み上げることではまったくなく、子どもの性格、健康、家庭の事情、子どもどうしの関係などを見てようやくできることのはずで、そのためには少なくとも1カ月くらいの時間としっかりした観察が必要です。ところが動植物報告書はしばしば名前のリストでとどまっているのです。そしてその中で希少種があれば、「だからここは保護する必要がある」といった記述があるだけです。私はそれではまったく不十分だと思います。

そして、動植物が生きていることを知るには、生きものと生きもののつながりを知るのが一番よい方法だと思います。これが私のいう「リンク」です。

リンクのすばらしさを知れば、自然にそれらの生きものに対する敬意のような気持ちが湧くものです。敬意ということばはややニュアンスが違い、「君ってすごいね」とか「やるじゃないか」といった気持ちに近いものです。そういう気持ちは「いる」ことを示すだけからは伝わりません。

タヌキと「リンク」

その具体的な調査対象がタヌキです。タヌキは日本列島に北から南まで広く生息しており、山の森林から海岸、里山から都市部にまで暮らしている野生動物です。夜行性ですから、直接見たことのある人は少ないですが、思いがけなく近くにすんでいて、知らないで「ニアミス」をしている可能性が大きい動物です。タヌキは「狸」つまり「けものへんに里」と書くくらいで、古くから日本人に寄り添うように生きて来ました。『かちかち山』や『ブンブク茶釜』など民話の主人公としても知られてきました。そういう野生動物はほかにいません。そして玉川上水にも確実にすんでいることがわかっています。

タヌキが生きるためには、食べ物や隠れる場所が必要です。その意味でタヌキがいるということは、タヌキが暮らせる環境があるということです。そして食べ物とは、都会人がイメージする食べ物とは違い、自然界にある動植物です。それらを食べるということは、タヌキにとって栄養をとるということですが、たとえば果実を食べることと昆虫を食べることは意味が違います。植物にとっては果実を食べられるということは、果実の中にある種子を運んでもらうのが目的です。この点でタヌキが種子を運ぶという働きをしていることになり、ここにでリンクがあることがわかります。一方、昆虫にとっては食べられることは死を意味します。昆虫は一般に体が小さく、いたるところにいますから、肉食性の哺乳類や鳥類の食物としてつねに狙われる宿命にあります。そのため、食べられないように、目立たない、すばやく逃げる、ハチのように見せかけて「危険だぞ」とアピールする、まずい味がする、くさい匂いがする、トゲを生やすなど、実にさまざまな工夫をしています。そこに食べる者と食べられる者との「かけひき」があり、これもうひとつのリンクといえます。

このように、タヌキが食べて摂り込むことにまつわるドラマがあるかと思えば、タヌキが排泄することにまつわるドラマもあります。あらゆる動物は食べれば排泄します。糞は濃厚な栄養資源であり、糞を利用する動物もいます。その代表が糞虫《ふんちゅう》で、私はこのリンクを理解するために糞虫を調べてみました。

訪花昆虫――もうひとつのリンク

観察会には参加者に体験をしてもらうという意味もありますが、人数が確保できるので、多人数だからこそできるような調査ができるという面もあります。そういう考えから、夏には一人がひとつの花を観察するという方法で訪花昆虫の調査をしてもらいました。花は花粉を運んでもらうために花の色や形を工夫し、昆虫は蜜を吸うための行動をします。そこには花と昆虫のかけひきがあり、文字通りのリンクが観察できます。

また、花が咲くか咲かないかは森林の管理のしかたに強く影響されます。そう考えると、玉川上水のような都市の自然では、原生的な自然に起きていることとは違い、人の管理のしかたがリンクにも影響していることになります。その意味で、訪花昆虫調査はそのことを示すのにふさわしい調査だと思います。

　このような考えで半年あまり調査をしてきました。わずか半年ほどのことですから、わかったことも限られますが、これまでにわかったこと、また、わかるに至った体験などを紹介してみましょう。

センサーカメラによるタヌキの生息調査

自動撮影カメラによるタヌキ生息調査

　2008年に麻布大学の私の研究室に多田美咲《みさき》さんという人が入って来ました。彼女は立川に住んでいるというので、玉川上水でのタヌキの生息を調べてみないかと誘ったら、やってみたいと言ってくれました。当時は自動撮影カメラが出始めた頃で、まだデジタルカメラはなく、フィルムカメラでした。そのため最大でも36枚撮りのフィルム分しか撮れません。極端な場合は1晩でフィルム1本を使い切ることもありえます。ですから期間中に何回タヌキが現れたかを知るのは無理で、いるかいないかだけを判断することにしました。もちろん「いない」ことを証明するのはむずかしいことで、カメラの前に1週間現れなかったことを「いなかった」としました。

　1カ所にカメラを2台置き、カメラの前にドッグフードとピーナツを置きました。カメラにはタヌキのほかハクビシン、ネコ、ネズミ類も撮影されました。西の羽村のほうではテンとキツネも撮影されましたが、ここではタヌキに限定して紹介します。

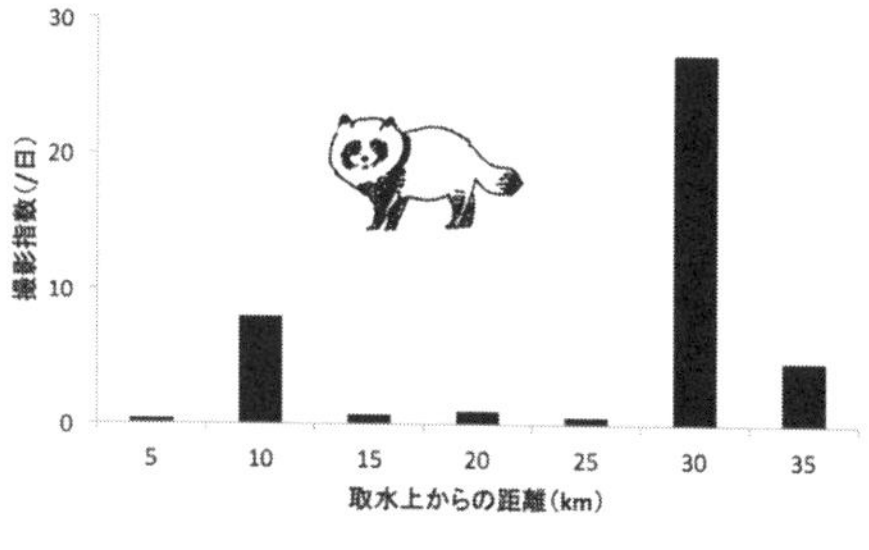

羽村種類上からの距離（5キロメートル刻み）に対するタヌキの撮影指数

　玉川上水でも自然が残っているのは西のほうなので、私は、タヌキが撮影される場所は西のほうが多く、都心に近づくにつれて少なくなるだろうと思っていました。つまり、タヌキの撮影頻度は「西高東低」であろうと予測したのです。

　しかし、多田さんが

撮影してくれた24カ所の結果をまとめると、単純な西高東低ではありませんでした。東でもタヌキ撮影の多い場所があり、西でも少ない場所があったのです。

これについて、何度か現地でカメラを設置したり、群落の調査をしたりしながら、「ははあ」と思いあたることがありました。

小平市に「小平監視所」という場所があり、これは水質を管理する施設のことです。これより上流は水量も多く、ここで枯葉などをこして、水を東村山の浄水場に流して生活に使います。したがって、ここまでは文字通り「上水」であり、そうであるから、枯葉などが水の中に入らないほうがよいわけです。そのために両岸は石垣やコンクリートで固められていることが多く、また木の下の草や低木は刈り取られています（27ページの写真参照）。これに対して監視所よりも下流では急に水量が減り、上水は江戸時代のままに土がむき出しになり、アオキやヒサカキなどの低木が繁茂して藪になっています。

そこでカメラを設置した場所を「藪あり」と「藪なし」で分けて比較してみました。すると「藪あり」のほうが撮影率が高いことが確認されました。このことはタヌキにとっては藪があって身を隠せるほうが暮らしやすいということを意味するのだと思われます。

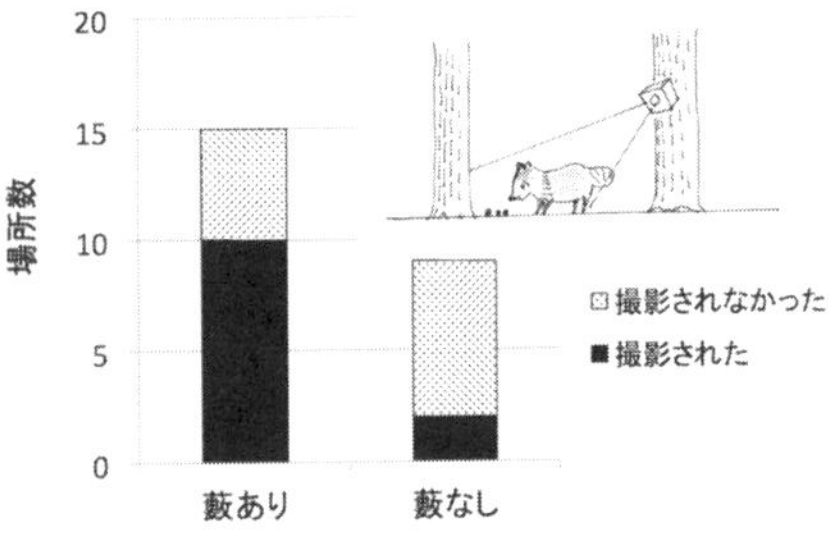

玉川上水の藪がある場所とない場所でのタヌキが撮影した場所数

連続性

私たちのもうひとつの関心は細長い緑地である玉川上水と周辺にある孤立した緑地とでタヌキの生息に違いがあるのではないかということでした。予測というか、期待としては玉川上水のほうがタヌキにすみやすいのではないかということがありました。その結果、確かに孤立緑地よりも玉川上水のほうが撮影される頻度が高いという結果が得られました。このことは玉川上水が連続していることの意味を示すものとして重要です。

津田塾大学の下見

玉川上水の緑地でよくある構造は上水の両岸に幅数メートルの緑地があり、柵があって、その外側に歩道があるというものです。

緑地にはコナラやクヌギ、ケヤキなど、この地方の雑木林におなじみの落葉広葉樹があります。だいたい5メートルほどの幅で、林の下には光が射し込むことがよくあります。林の縁にはヒメジョオン、セイヨウタンポポなどの雑草が生えています。

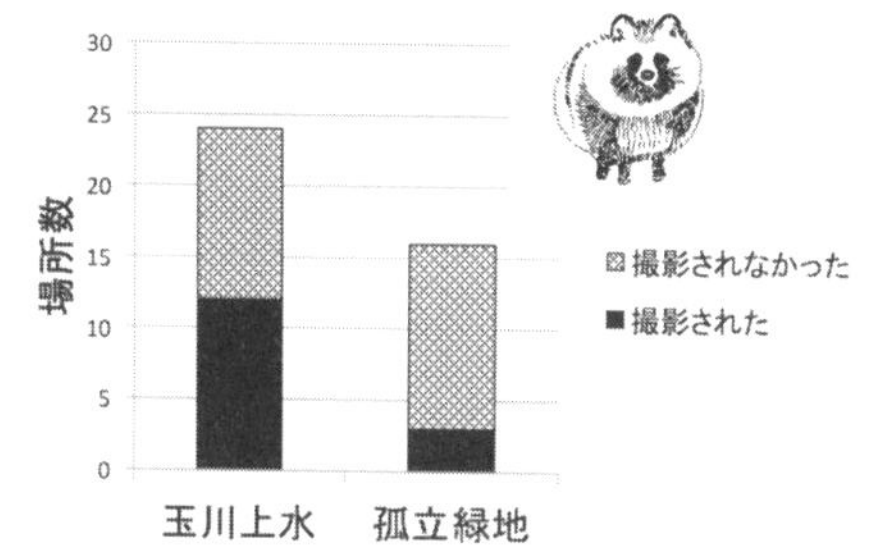

玉川上水と周辺の孤立緑地でのタヌキの撮影状況

玉川上水に沿ってときどき保存緑地がありますが、大きさはあまり広くなくて20メートル四方だったり、それよりやや大きい程度のものです。それでもその程度のまとまった林があれば、内部には光が射し込まない部分ができます。そういうところには、雑草類は少なくなって、チゴユリ（口絵、図2）とかアマナのような、山の林で見かけるような草本類が見つかります。私はこういう緑地を「ポケット」と呼んでいます。

玉川上水の最大の価値は、「長く続くこと」にあるのですが、幅が狭いために林の植物が育ちにくく、それがこの「ポケット」によって本来のこの地方の森林の下に生えていた植物を温存させてきた可能性が大きいと思います。

玉川上水は水路、緑地、柵、歩道と並ぶことが多い（小平市鷹の台）

これは動物についてもいえるはずです。小平の鷹の台という駅の辺りの玉川上水近くには、よい緑地が残っています。その一角に津田塾大学があります。このキャンパスは玉川上水から見てもまとまった林があり、緑の量が豊かですから、私はここにタヌキがいる可能性が大きいと踏みました。

関野吉晴先生のプロジェクトでタヌキの生息状況を調べてみようということになったので、私はぜひ津田塾大学のキャンパスにタヌキのいることを示したいと思いました。このことをリー智子さんに話したら、知り合いの先生がおられるので、調査ができるかどうか相談してみるということでした。その先生はC・バージェス先生といってイギリスの社会学の研究者でした。eメールで連絡をとり、調査の意図などを説明しました。そしてバージェス先生立ち会いのもとで、キャンパスを歩かせてもらえることになりました。

2月20日の朝、私のほか関野先生、リーさん、津田塾大学の学生の岩淵さんで正門で待ち合わせ、バージェス先生に会いました。

津田塾大学のキャンパス

タメフン見つかる

さっそくキャンパス内の林の中を歩かせてもらいました。なかなかよい林で、うっそうとした感じがありました。

ところが、私がよく郊外の雑木林を歩いて気づく「けもの道」が見つかりません。大学と上水を区切る柵があるのですが、こういうところには隙間があって、タヌキが出入りしていれば、足跡などがつくものです。しかし、それらしいものは見つかりません。全体を見て、キャンパスが意外に狭いこと、痕跡らしいものは見つからないので、「ここでは無理かもしれない。まあ、気長に玉川上水で調べるしかないかな」と思いながら歩いていました。歩いているうちに、ほかの人と距離ができてしまいました。バージェス先生たちが私を探しているようでした。

津田塾大学キャンパス内の林

「あったみたいです」

関野先生がタヌキのタメフンらしいものを見つけたということでした。タヌキは決まったところに糞をします。つまりトイレを持っているのです。その意味や機能はよくわかっていませんが、私のように糞から食べ物を調べる者にとってはたいへんありがたいことです。というのは、一度タメフン場を見つければ、その後、確実に分析用のサンプルが得られるからです。

津田塾大学キャンパスで見つかったタヌキのタメフン

さて、関野先生が見つけたというところに行ってみると、紛れもなくタヌキのタメフンがありました。
手間取りましたが、とにかく予想通りタヌキがいることが確認されたのでほっとしました。

センサーカメラを置きたい

そこで、次に考えたのはセンサーカメラを置いてタヌキの撮影をすることです。というのは、私の経験からすればこれがタヌキのタメフンであることはまちがいないのですが、知らない人からすれば、イヌの糞かもしれないし、ハクビシンなどの可能性だってないとは言えないではないかと疑うことはできます。この疑うことは科学的な態度であり、大切なことです。ここはその疑いを晴らす証拠をとりたいと思ったわけです。

ただ、バージェス先生は、ここは女子大なので、カメラを置くなどはなかなか許可がおりにくいだろうということでした。

大学の事務とのやりとりがあり、しばらくして許可がおりそうだという返事が来ました。そして大学事務から条件さえ満たせば許可が出せるかもしれないという返事が来ました。

私は急いで申請の書類を整えて提出しました。最終的には「よし」ということになり、3月1日に2台のカメラの設置をすることになりました。

カメラを設置する

多田美咲さんが自動撮影を試みた2008年頃以降はセンサーカメラがどんどん改良されて、2010年頃からはデジタルカメラになり、フィルムがなくなってしまうという心配はなくなりました。

　クマザサの藪の中にあるタメフン場の前にデジタルのセンサーカメラを設置し、少し離れた木の下に餌としてリンゴとベーコンを置きました。

センサーカメラの前で記念撮影。後列向かって左から関野先生、バージェス先生、前列左からリーさん、岩渕さん、手前右が高槻。設置したセンサーカメラ（右）

その餌のところで記念撮影をして、あとはタヌキが写るのを待つことにしました。

カメラを調べる

数日後、数人と連れ立ってカメラチェックに行きました。持参したノートパソコンにカードを入れ、胸をときめかせながら画面を見ると、映像が出てきました。確かにタヌキが写っていました。

「ああ、確かにここにいるのね」

と言いながら辺りを見回す人もいました。

「ほら、そう思ったとき、誰でも周りを見回すんだよね。私もそうなんだ。見えるわけはないんだが、ここに確かにタヌキがいるという感慨が見回させるんだね。私はね、この感覚、自分たちがいるところにタヌキがいると感じることがとても大事だと思うんだ。なんとなくほっこりするじゃない」

餌に引き寄せられて撮影されたタヌキ

タメフン場で撮影された糞をするタヌキ

「うん、うん」

とみんなうなずきました。

これで確かにキャンパスにタヌキがいることが確認されました。写っていたタヌキはよく太っており、よくある疥癬《かいせん》（ある種のダニに寄生されて脱毛し、ひどい場合は疲弊して死亡する）もないようで、健康そうでした。

一方、タメフン場のほうのカメラにはまさに糞をする瞬間も写っていました。

これで最初に目標としていた、津田塾大学のキャンパスにタヌキがいることが確認でき、そのタヌキが構内でタメフンをしている、つまり定住地として生活していることが確認できました。

子ダヌキも

その後も確実にタヌキは写真に写っていました。キャンパスの北側に置いたカメラに、7月になってこれまで見たのとは違う感じのタヌキが写っていました。そのタヌキは体が小さい印象がありますが、大きさは距離によって違いますから、断定はできません。写真の角度などから見て、別のときに写ったタヌキと比べて確かに小さいことがわかりました。また、別の写真からもう少し確かなこともわかりました。2匹写ったうちの1匹が尾を上げているのですが、お尻が見えます。これは哺乳類の子どもが餌をもらったときなど示す甘えた心理を表現する行動です。シカやウシなどの子どもがミルクを飲むときにも尾を高く上げます。それから胴体が細い感じ、毛が短いことなども子ダヌキであることを示しています。

センサーカメラに写った子ダヌキ

このことは、津田塾大学にタヌキがいるというだけでなく、そこで繁殖し、次世代も育っているということを示しています。どこかに巣があって、そこで小さな赤ちゃんが生まれ、お乳を飲みながら大きくなって、巣から外に出るようになったのだと想像すると、心が暖かくなります。

キャンパスにタヌキがいる

津田塾大学は津田梅子という稀有な偉人が創設したわが国でも有数の名門女子大学であり、全国から才媛が集まって来ます。そのキャンパスにタヌキが暮らしていることを知ると、ほのぼのとした思いになります。津田塾大学の学生さんも自分たちが毎日通う大学内にタヌキがいるのは知らないのではないでしょうか。

都心の大学では土の地面がないのがふつうで、コンクリートやタイルのようなもので張り巡らされています。そのほうが掃除には便利なのかもしれませんが、私などは足の裏が休まらない気がします。土は生きていて、季節ごとに香りが違います。都心の大学ではそういうものがなくなってしまったことを考えれば、津田塾大学には立派な林もあり、そこにタヌキがすんで暮らしを営んでいる。そのことを想像する感覚を「共有感」といえないでしょうか。その共有感を持てるキャンパスに通学して学ぶということは、私には意味のあることのように思えます。

私はこれを含め、私たちがときどきはタヌキの側に立って人間の社会を眺めることは大切なことだと思っています。そのことをこのプロジェクトを通じて示したいと思っていたので、最初の活動が順調に進んだことをうれしく思いました。

一方、キャンパスを出ると、府中街道を自動車が次々と走っていました。これだけの交通量のある道路のほんの１００メートル奥にタヌキが暮らしている。そう思うと不思議な気がしましたが、同時にここのタヌキたちはぎりぎりで生き延びているのだというきびしい事実もとらえなければならないと思いました。

《コラム》津田塾大学の利根川課長

追伸

バージェス先生のおかげで津田塾大学に入ってタヌキの調査をし、カメラを設置させてもらうことができました。そのときに対応してくださったのが管理課の利根川課長です。

女子大であるからさまざまな事情もあり、自動撮影カメラを設置することにもいろいろな意見があるはずです。だいたい、こういうときは断られるものです。というのは、断ればややこしい問題は起きないからです。「許可を出せば、当事者はよろこぶかもしれないが、大学事務としてはなんらプラスはない、だったら断ろう」というのが普通の考え方です。だが、利根川課長は許可を出す判断をされました。

3月1日に津田塾大学に行ったとき、私たちは利根川課長に会い、現場に立ち会ってもらいました。簡単な報告を書き、利根川課長にも送りました。その後、利根川課長から返事が来ました。

3月8日　利根川課長から高槻へ

高槻先生

タヌキの写真ありがとうございました。まるまるとしてかわいい写真ですね。写真が撮れてよかったです。

追伸

ところで、高槻先生は鳥取のご出身なのですね。私は隣の島根県松江市の出身です。

ほう、珍しいこともあるものです。実は私は父の仕事の関係で小学校3年生から2年間、島根県の松江で過ごしたことがあり、とてもよい思い出があります。そこで、利根川さんに返事を書きました。

朝日小学校

3月8日　高槻から利根川課長へ

利根川様

そうですか。私は父の仕事の関係で小学3年から5年まで松江に住んだことがあります。大正町というところ、朝日小学校という学校でした。松江は大好きな町です。フナつりやトンボとりに夢中になりました。
不思議なご縁です。

小学校の名前など書いても意味のないことだったのですが、なんとなく書きました。ところが、驚くべき返事が届いたのです。

3月8日　利根川課長から高槻へ

高槻先生

私も朝日小学校でした。

先生が朝日小学校に通っていらした時期とは重ならないのですが、本当に不思議な御縁ですね。朝日小学校は統合で中央小学校になってしまいました。私は西津田町ですが、大学に進学するまで住んでいました。今はお墓しかないのですが、毎年帰っています。何もないところですが、東京に出て長いので今は帰るのが楽しみです。

3月8日　高槻から利根川課長へ

ドキッ！

それは奇遇というにはあまりに確率の低いことです！

私は倉吉で生まれ、米子にひっこして小学校にあがり、それから松江に行きました、昭和33年くらいです。2年ほどしかいなかったのに、とても鮮明に覚えています。

「遠く伝ふる神つ世の」と始まり、「出雲富士」と出てくるので、米子（鳥取県）から北私は「あれは伯耆《ほうき》富士だ」と感じました。

「見よや朝日、名に負う朝日」となると「あっさっひ」と歌ったでしょう？「我が学び舎の、名に負うあっさっひ」。なつかしいです。

実は10年くらいまえ、松江で学会があったので、朝日小学校にまで足を伸ばしました。そしたら窓はアルミサッシになっていましたが、そのままの校舎があり、雑巾掛けをしたために、板の節が飛び出したようになった廊下がそのまま残っていました。

「ああ、松江は古いものを大事にするのだ」と感激したのですが、数年まえにネットでホームページをみたら統合したとあってがっかりしました。

私は松江で楽しい2年間を過ごして、また米子に帰り、米子東高から東北大学に進みました。

追伸。『木造校舎の思い出』（芦澤、1998年）という写真集があって、本屋でパラパラ見ていたら朝日小学校がのっていたので、思わず衝動買いをしました。中庭の様子がなんとなく変わっていますが、校舎はなつかしいです。あの頃は川にガードレールなどなく、道路も舗装されていませんでした。この川でフナ釣りをしました。

松江は何もなくありません。すばらしい古い伝統が町のあちこちにあります。

3月9日　利根川課長から高槻へ
本当にすごい偶然ですね。私は昭和32年生まれですので、高槻先生の方が大先輩ですが、松江で生まれて、朝日小学校、第三中学校、松江南高等学校と進み、大学から母の生まれた東京に出て、東京学芸大学に行きました。

それにしても高槻先生、校歌を短期間でそこまで覚えていらっしゃるなんてすごいですね。

いろいろな校歌の中でも朝日小学校の校歌が一番好きです。小学校にしては高尚な感じで、大山の眺めなど風景が目に浮かぶようです。確かに「あっさっひ」と歌っていましたね。みんなそこだけ大きな声で歌っていました。

ぬか袋でぴかぴかに磨いていた校舎の廊下。みんなきれいにするのに一生懸命でした。本当になつかしくうれしいです。

縁は異なもの

3月9日　高槻から利根川課長へ
利根川様
お返事ありがとうございました。
私も自分ながら不思議なのですが、3年生の7月にひっこし、5年生の夏には米子に戻ったので、校歌を覚える機会はそれほどなかったはずです。それなのにどうして覚えたのか不思議です。歌詞の意味はあまりわかっていなかったのですが、子どもは耳で覚えているので、理屈抜きに頭に残っています。大きくなってから「遠くから伝わった」という意味なのだとわかりました。それにしても「神つ世」というのだから、さすが出雲という感じです。文語というのはよいもので、いつまでも頭に残っています。

米子から松江にひっこしたとき、近所の子どもと遊びはじめましたが「つばえる」という言葉の意味がわからず、前後関係から「ふざけて大騒ぎする」というようなことだと察しました。「もそぶ」ということばもありませんでしたか？　子ども会があり、火の用心で拍子木を打ちながら近所を歩きました。ギンヤンマを「オンジョ」と呼びました。これを採るための歌があり、「こいしこい、このオンジョこい」と歌うのですが、その歌を聴くとトンボが寄ってくるような気がしたものです。あとで知ったのですが、オンジョとは「男将」で、室町時代くらいの言葉だそうです。その頃から子どもに伝えられているとすれば、すごいことだと思いました。

いろいろ思い出します。

まことに、縁は異なもの味なもので、確率的にはありえないようなことがあるものです。大学で利根川さんにお会いしたら、利根川さんが言いました。「タヌキが出会わせてくれたみたいですね」。むべなるかな。

津田塾大学のタヌキの糞分析の試み

タヌキの糞を調べる意味

津田塾大学のキャンパスにタヌキのタメフンが見つかりました。私はこれまであちこちのタヌキの糞を分析して、タヌキの食物内容を調べたことがあるので、ここでもぜひ調べてみたいと思いました。

私がうれしそうにタヌキの糞を拾うのをみて、バージェス先生は驚いたような、あきれたような顔をしていました。それはそうでしょう。糞というのは臭いもの、汚いもの、見たくないもの、まして触るなどとんでもないことだというのは世界共通なことです。それを嬉々として拾うのですから、「これはおかしい」と思わないほうが「おかしい」。

私はこの糞分析をするにあたり、次のように考えました。

玉川上水は都市緑地として市民に親しまれていますが、それはただ樹木が生えているだけの場所ではなく、そこにさまざまな草本や低木があり、またそれを利用して生きている昆虫や鳥類や哺乳類がいることに大きな価値があります。タヌキの食性を調べることはそのような文脈でとらえることができます。都市にすむタヌキが何を食べているのだろうか。残飯などを食べるのだろうか、それとも玉川上水は豊富な緑があるから、野生の動植物を見つけて食べているのだろうか。それが糞を調べることで明らかにしたいと思ったのです。

実際の分析

このとき（2016年2月19日）、タメフン場から8個の糞を採取しました。

糞はチャック付きのポリ袋に入れて持ち帰り、0・5ミリメートル間隔のふるい上で水洗します。袋から取り出すと臭《くさ》いですが、一度水洗すればいやな匂いはしなくなります。ピーナツチョコがありますが、糞はあれと似ています。食べ物はピーナツで、体内から出た老廃物などがチョコレートに相当します。糞をふるいの上にのせ、ホースの先につけたシャワーになる器具から水を勢いよく吹きかけて糞をほぐすと、「チョコ」の茶色い水が流れ、「ピーナツ」である中身が顔を出します。これを2、3度

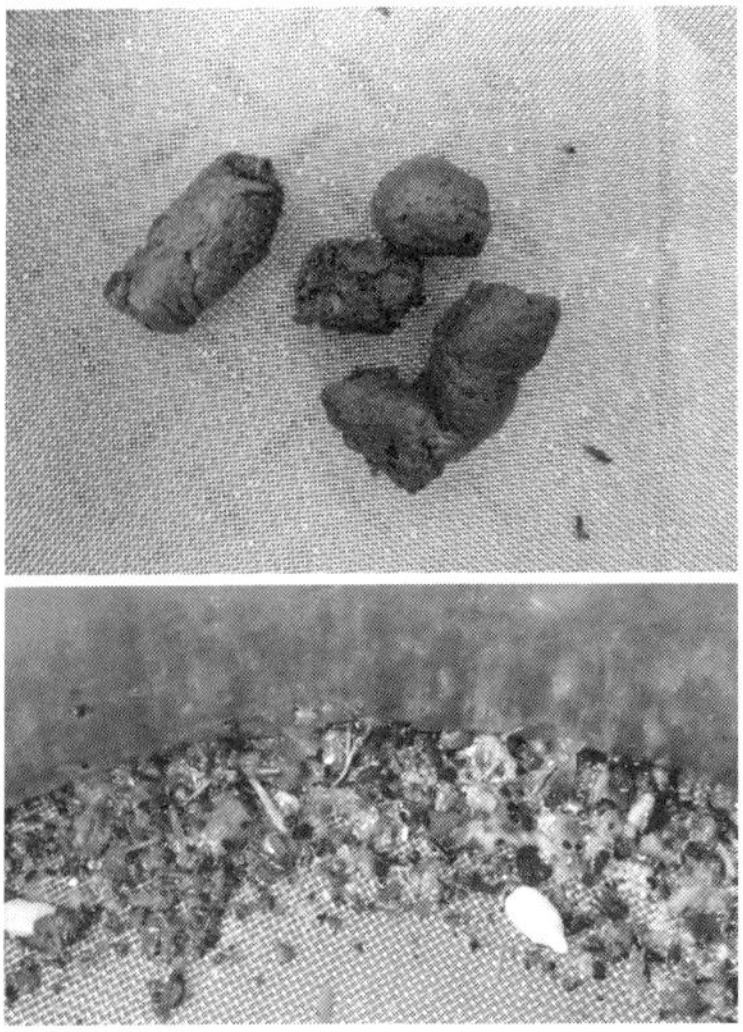
タヌキの糞（上）とふるいで水洗したあとの残留物（下）

採集したさまざまなタヌキの糞

繰り返します。

この水洗を何度か繰り返し、きれいになった食物片をひとまず小瓶に入れ、約60パーセントのエチルアルコールにつけておきます。分析するときは、これを容器に偏りがないように取り出し、スライドグラスにのせて顕微鏡で覗きます。このスライドグラスはふつうのものとは違い、1ミリメートル間隔の格子が加工してあり、また高さ1ミリメートルほどの金属枠がついています。食物片は、この「プール」に入れて、水を張ってカバーグラスで被います。これを顕微鏡で覗くと、いろいろなものが見えます。これの「多い、少ない」を評価するために、食物片が被った格子交点の数をかぞえます。左手にカウンターを持ち、右手でスライドグラスを動かすダイアルを操作しながら進めてゆきます。同じものが

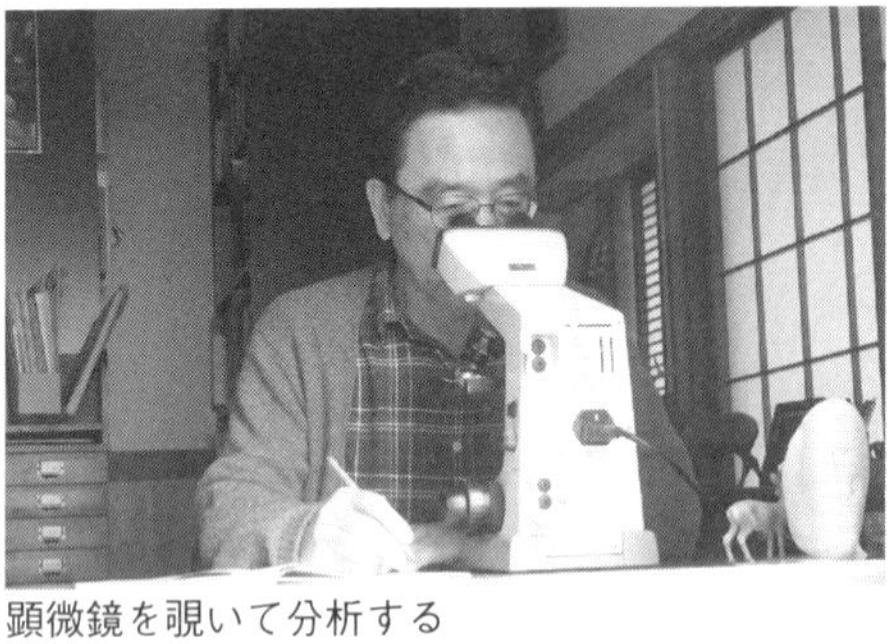
顕微鏡を覗いて分析する

続けて出て来れば「カチャカチャ」と小気味よい音がするのですが、識別が難しいものが出てくると「カチャ」といってからしばらく間があって「カチャ」ということになります。初めは違うものが出てきますが、かぞえてゆくうちに同じものが繰り返し出てくるようになります。これを100ポイントほど続けると新しいものはあまり出ないようになり、150ポイントになるとほとんど同じものの繰り返しになります。そういう基礎調査をしてあるので、ポイント数は200ポイント以上としました。たいへん根気のいる作業ですが、何が出てくるかは楽しみだし、その結果を見れば、タヌキの食性がわかると思うとファイトも湧いてきます。

私は2015年の3月に大学を定年退職しました。実験系の先生方は退職すなわち研究からリタイアのようですが、私の場合は自然観察だからリタイアする気はありません。自宅に顕微鏡を用意して、分析しています。天気のよい日は野山に出かけて自然観察をし、家にいるときは顕微鏡を覗いたり、果実標本を整理するなどしたり、論文を読み、執筆をしています。私はこれを晴耕雨読ならぬ、「晴行雨筆」と呼んでいます。

わかったこと

こうしてとった記録を集計して、百分率で表現します。初めて採集した津田塾大学の2月のタヌキの糞8個を分析した印象は、「ひとつひとつの糞が大きく違う」というものでした。たとえば、ある糞はイチョウの果実と種子（ギンナン）だけが含まれていました。ところが、別のものは、鳥の羽毛、脚、昆虫の脚などが含まれているかと思うと、別の糞には鳥の骨と推定される骨だけが含まれていましたし、ヤブランの葉が大量に含まれた糞もあるという具合でした。

糞の中身の多くは粉砕された動植物の破片ですが、中にははっきりとわかるものもあります。ギンナンは割れないでそのまま出てきていました。

また、鳥類の羽毛と鳥類のものと思われる骨が検出されました。タヌキは死体を見つけたのでしょうか、捕食したのでしょうか。

一方、市街地のタヌキの糞から検出されることの多いポリ袋などはありませんでしたが、ゴム手袋が検出され

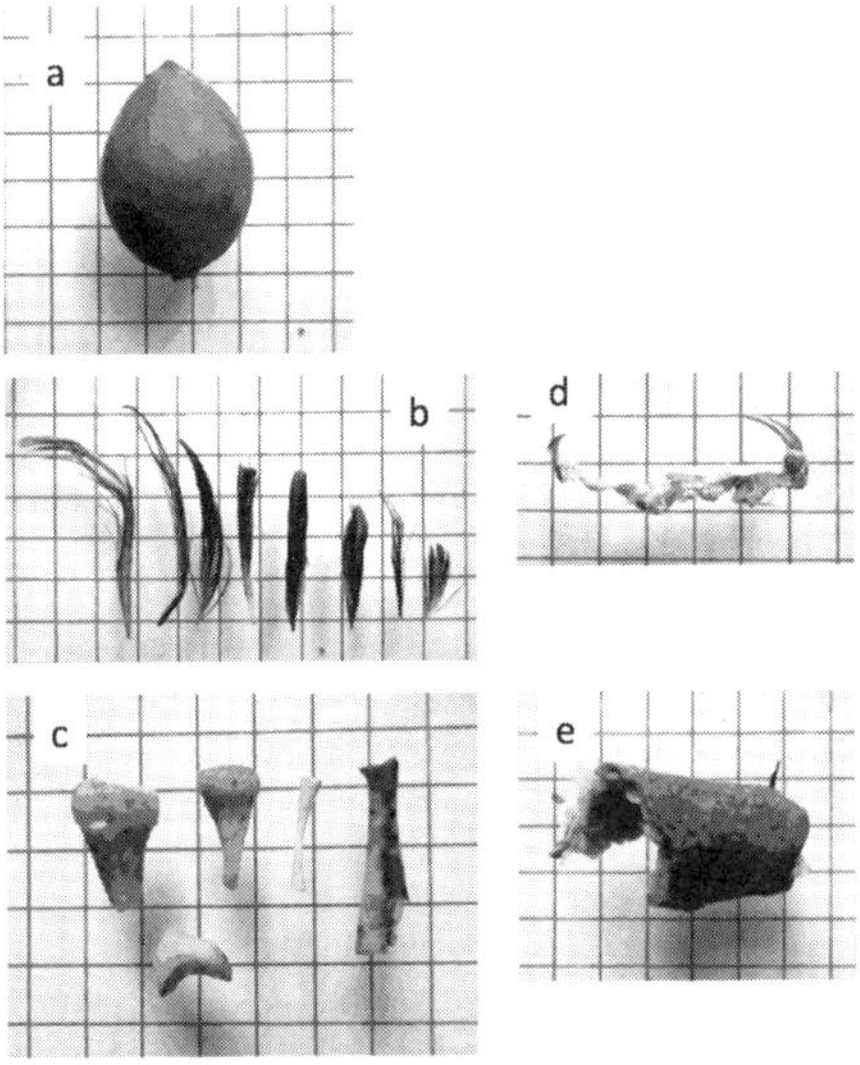

津田塾大学のタヌキの糞から検出された内容物の例。　a）ギンナン（イチョウ種子）、b）鳥の羽毛、c）鳥類の骨と推定される骨、d）鳥の脚、e）ゴム手袋の破片

たことから、ゴミなどをあさっている可能性が示唆されました。

いずれにしても、キャンパス内にタメフンが確認されたので、今後定期的に採取し、分析することの見通しが立ちました。

「ギンナンを食べて大丈夫？」「タヌキも食べるの？」

津田塾大学の糞を分析して、簡単な報告を関係者に送りました。その反応がなかなかおもしろいものだったので紹介したいと思います。

本書の編集担当の出口綾子さんからは次のようなメールが来ました。

2月27日、出口さんから高槻へ

タヌキが鳥しか食べていないとか、ギンナンだけとか、なんだか不思議です。そもそもギンナンだけなんて、気持ち悪くならないのだろうかとか、あのぶよぶよした部分を食べているのだろうかとか、アレルギーが出ないのだろうかとか（目が腫れる人もいますよね）想像してしまいました。

2月27日、高槻から出口さんへ

人間は人間の基準でものを感じるから、タヌキの気持ちがわからない。まして1カ月も生きないショウジョウバエは数百年生きるブナは気持ちはまったくわからない。

タヌキに限らず、野生動物はつねに飢えています。人間の歴史も、つい最近まで同じでした。人類史の大半の時間を占める狩猟採集の時代、人はオオカミと同じようにつねに飢えていたはずです。だから食べ物を見つければ食べられるだけむさぼり食べた。まずいから食べないなどとはまったく思いません。もしそういう性質をもつ遺伝子があったら、そういう個体は死に絶えています。

タヌキは体重が5キログラムほど、ヒトの10分の1です。これでは一度に食べる量もしれているし、ウンコも小さい。ということはどういうことが起きるかというと、私たちにとって、ミカンはペロッと食べてしまうものですが、タヌキにとってはミカンは十分量かもしれない。タヌキにとっての小鳥は、われわれにとってのニワトリ一羽くらいに相当するでしょう。そういう食べ物に遭遇すれば、食べられるだけ食べる。そうなると、タヌキのウンチに含まれるのは、しばらくは鳥だけになるでしょう。これが出てしまうと、次はそのあとに食べたものが出るというふうに、ひとつの糞の組成は単純でも、数日分を見ると、日替わりにあれこれ出てくるということになります。

ともあれ、糞は「情報のカプセル」、シャーロックホームズ的読み取りはなかなか楽しいものです。

また津田塾大学の利根川課長からは次のようなeメールが来ました。それは、写真撮影のためにケンポナシを置いたときのことです。

3月11日、利根川課長から高槻へ
高槻先生

また松江の話ですが、ケンポナシは佐太《さた》神社のお祭りで、ひと束いくらかで売っていて、食べた覚えがあります。ネットで調べてみましたら、今でも佐太神社のお祭りで売っているそうです。タヌキもえさにもするんですね。びっくりしました。

3月11日、高槻から利根川課長へ
利根川様

よくケンポナシということばを覚えていましたね。確かにナシと通じるサクサク感があります。「タヌキも」とありますが、そうではなく、本来野生動物の餌です。それを「人も」食べるということです。

こういうやりとりを通じて私はふつうの人は動物を見るときに自分の価値観をそのまま投影するのだなと思いました。出口さんは動物好きで、自然保護運動にも関心を持つ人だし、利根川さんも実にバランスのよい人であって、「ふつうの人」ではなく、平均的な人よりは自分と違う立場が十分に想像できる人なのですが、それでも出口さんはタヌキがギンナンだけを食べるのを人と重ねて気持ち悪くなるのではないかと感じたようだし、利根川さんもケンポナシは本来人が食べるものだと思っていたようです。そうであれば、文字通り「ふつうの人」はタヌキがのんきな犬でもあると思ったり、食べ物探しに苦労するなどとは思いもせず、楽しげに遊んで暮らしているとか、人を化かしてよろこんでいるなどと思っているのかもしれません。

そうであれば、長年動物を調べてきた者として、そのような見方は偏ったものだということを丁寧に説明するのは価値あることのように思います。この本にはそうした役割も持たせてみたいと思いました。

津田塾大学のタヌキの食べ物の季節変化

季節変化

その後もこつこつと津田塾大学に通い、糞を採集して分析したので、季節変化を紹介します。

2、3月、つまりこれから春になるという晩冬期には、ギンナンやカキノキの果実、種子、鳥の羽毛と鳥と思われる骨、そのほか植物の葉、昆虫、哺乳類の毛などさまざまなものが20％から30％程度含まれ、これといった目立った食べ物がありませんでした。ゴム手袋の破片など人工物も少しあり、要するにタヌキにとって一番食物が乏しく、見つけたらなんでも食べたということが伺えました。

春は急に昆虫が増え、35％ほど検出されました。甲虫の脚が目立ちましたが、ガ（蛾）の幼虫なども見られました。果実は少なくなり、哺乳類の毛が20％ほど出たのが注目されました。

夏になると鳥や哺乳類はほとんで出なくなり、昆虫と果実が多くなりました。果実としてはエノキやムクノキが多く見られました。
そして秋になるとほとんど果実しかないほど果実をよく食べており、その中身はほとんどがカキノキとムクノキでした。ひとつの糞にはこの2種か、場合によってはカキノキだけという単純な組成で、2、3月とはまるでようすが違い、単純な組成になりました。

12月になるとその果実依存の傾向が弱くなり、再び昆虫が出現し、鳥類や哺乳類、あるいはポリ袋、アルミホイルなどの人工物も出てきて、きびしい冬の食性の兆しが感じられるようになりました。

主要な食物の季節変化をみると、昆虫は春と夏に多く、哺乳類は春に多くなりました。これに対して果実と種子はなんといっても秋に多くなりましたが、ほかの季節でも重要な食べ物になっていました。植物の緑葉ははっきりした季節的傾向がなく、多い時は糞の20%ほどを占めていました。ササ、イネ科、ヤブランなど単子葉植物が多いのですが、ほとんど消化されないまま糞に出ていました。これは栄養をとるために食べたのかどうかわかりません。

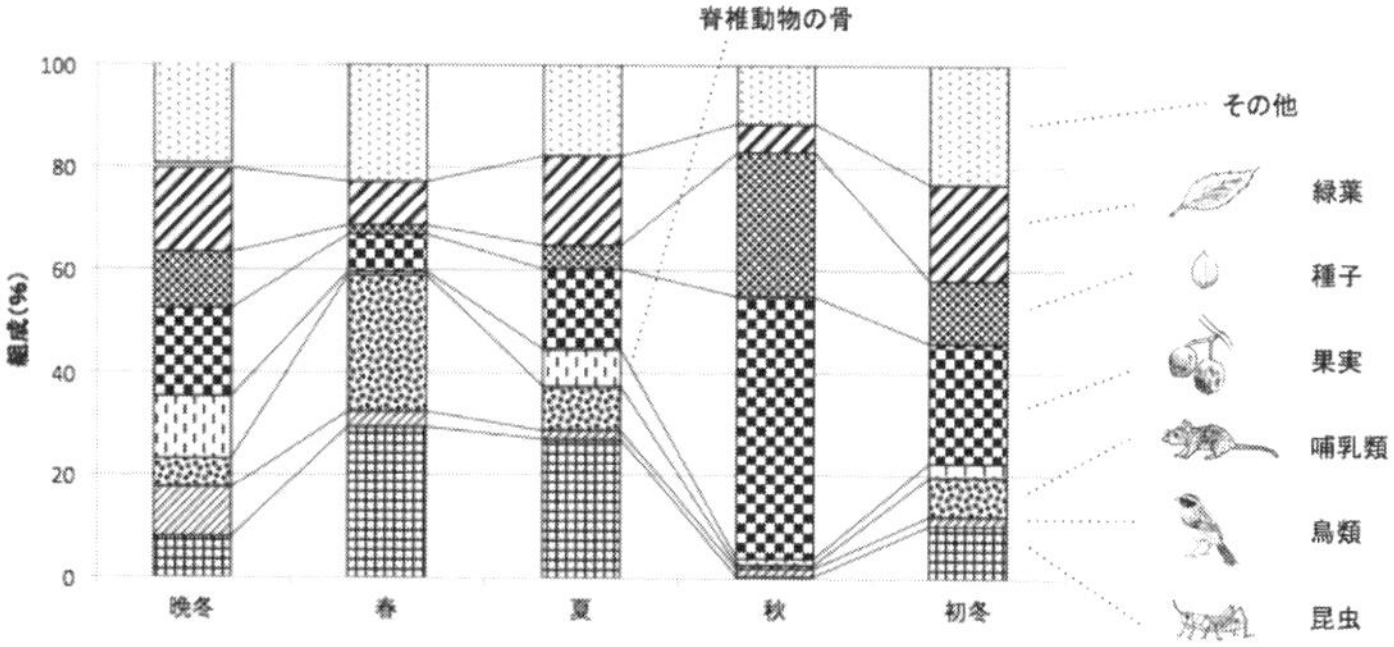

津田塾大学タヌキの糞の主要成分の季節的推移

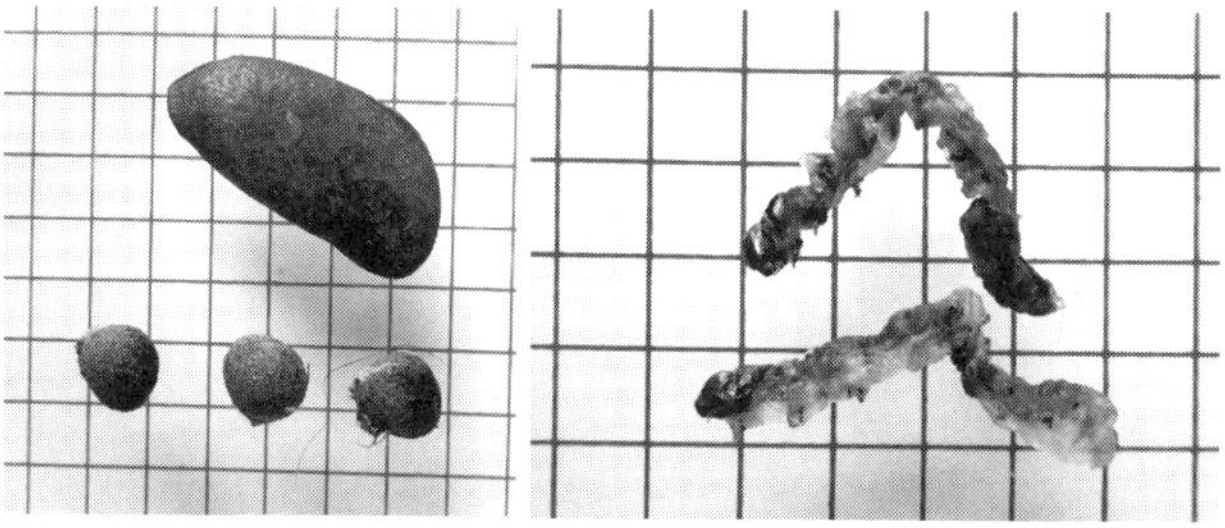
左：タヌキの糞から検出されたカキノキ（上）とムクノキ（下）の種子、右：昆虫の幼虫。格子間隔は５ミリメートル

津田塾大学のタヌキの食性の特徴

タヌキの食性の特徴は場所による違いが大きいということです。里山的な場所では雑木林に生える果実や昆虫を食べることが多いですが、海岸では海鳥と思われる鳥類や貝類、カニなど「海鮮モノ」が出てきますし、都市にすむタヌキは残飯に依存しているという報告もあります。このように、場所によって融通をきかせて食べ物を変えることができるというのが、タヌキのタヌキらしさです。

もうひとつの特徴は季節変化が明瞭だということで、里山的な場所では春は果実、植物の葉、哺乳類など、夏はキイチゴ類などの果実と昆虫、秋は果実類、冬は果実のほか哺乳類と鳥類というように変化します。これもタヌキの融通性で、季節ごとに一番よいものを選んで食べているということです。それだけにいろいろな食べ物が雑然と出てくるという印象があります。

こうしたことをふまえて津田塾大学のタヌキの食性をみると、少しようすが違うのに気づきます。それは晩冬期を除けば糞から出てくるものが限られていて、夏なら昆虫、秋なら果実と内訳が単純だったことです。また糞から出てきた果実を見ると、ムクノキ、エノキという高木の果実と、カキノキ、イチョウという栽培植物の種子の大きな果実がよく出てきましたが、里山のタヌキでよく出てくる、キイチゴやヤマグワなど、果実も小さく、中に小さな種子がたくさん入っている果実はほとんど出てきませんでした。これらはすべて雑木林によくある植物で、明るい場所に生える植物です。また里山のタヌキでは初夏にサクラ類もよく出てきますが、これも出てきませんでした。つまりタヌキの代表的な生息地である、雑木林に生える雑多な植物はあまり出てこず、安定した場所に生えるムクノキ、エノキ、それに庭などに植えられるカキノキやイチョウなど限られた種類の果実を集中的に食べるという特徴がありました。

津田塾大学の森林はクヌギやケヤキなどの落葉樹もありますが、キャンパスを取り囲むようにある林にはシラカシなど常緑広葉樹が多く、うっそうとした感じがします。これはときどき伐採される雑木林とは違い、薄暗く、下生えもあまりありません。つまり林としては長い期間、伐採されないで来たものであるということです。タシロランやマヤラン、キンランなどがあることはそのことをよく反映しています。

津田塾大学の林について、おもしろい話題があります。『玉川上水サミット報告書』（小平市）に津田塾大学の飯野正子学長（当時）が歴史について話をしておられます。それによると、津田梅子先生が１９００年に創立した女子英学塾は麹《こうじ》町にあったのですが、当時は学生が10人しかいなかったそうです。その後、次第に学生数が増えたので、敷地を拡大するか、郊外に出るかが議論になり、静かな郊外のほうがよいということになったそうです。そして小平が選ばれ、１９２７年に建設計画ができたそうです。おもしろいのはここで、まずおこなったのが防風林作りだったということです。小平はいまでも春に強い風が吹くと畑の土が飛んで来ますが、当時は周りは畑だらけですから、空が黒くなるほどだったといいます。その報告書には当時の津田塾大学の写真がありますが、周りは林と畑ばかりで家が一軒も見えません。

移転した津田塾大学の小平キャンパス（1929 年）。周りは畑が広がる。津田塾大学津田梅子資料室所蔵

その砂埃対策としてマツ、カシ、ヒノキなどを植えたそうです（津田英学塾『津田英語塾四十年史』１９４１年）。それが１９２９年といいますから、９０年ほどが経ったことになります。確かに津田塾大学にはアカマツ、シラカシ、ヒノキなどがあります。その樹齢が９０年ほどだということになります。そのことが、玉川上水のコナラ、ケヤキ、イヌシデなどを主体とした林との違いをもたらしたのです。

ついでにいえば、小平への移転が１９３１年、すぐあとの１９３３年に一橋大学が移転して来て、両大学の学生が玉川上水でデートすることがあったので、玉川上水は「ラバーズ・レーン」（恋人の径《みち》）と呼ばれていたということです。

さて、そういう暗い林はタヌキの食べ物の豊富さ、多様さという点では恵まれていないといえます。いろいろな低木類があって季節ごとにさまざまな果実がなるというのではなく、ある季節になると大木からたくさんの同じ果実がバラバラともたらされるということです。

では食べ物が乏しくてタヌキは飢えているかといえば、そうでもないようです。というのは人工物の占有率はせいぜい3％ほどで、これはほかの場所に比べても少ないからです。だから、内容は単純ながら食べ物に困るということではないようです。

津田塾大学は玉川上水に接していますが、津田塾大学の森林はクヌギやコナラ、ケヤキを主体とする雑木林的な森林がある玉川上水の林とはかなり違うといえます。ここのタヌキは玉川上水らしからぬ、安定した常緑樹林にすむタヌキの食性をもっているというのが特徴といえそうです。

皇居のタヌキとの比較

その意味では皇居のタヌキと比較するのがおもしろいと思います。私が津田塾大学のタヌキの糞分析を進めていた2016年の秋に、皇居のタヌキの糞分析についての論文が公表されました（142ページのコラム参照）。英語の論文で、訳すと「東京皇居のタヌキ食性の長期的傾向」となります。その先頭筆者がなんと明仁天皇陛下です。先頭筆者というのは複数の共同研究者が論文を書いたときの最初の人で、その論文執筆の代表者、いわば一番責任のある人です。

この論文の分析法は私のと違い、ひとつの糞の中身が多い、少ないは問題にせず、ある食べ物があったかなかったかだけをとりあげます。つまり出現頻度を表現するわけです。それによると、皇居のタヌキは、2月にはムクノキ、イイギリ、3月から7月にはクサイチゴ、5、6月にはサクラ類、6月にはクワの仲間、7、8月にはタブノキ、9月から1月にはムクノキ、9月にイヌビワ、12月にエノキをよく食べるそうです。3、4月は食物が乏しくなるのでギンナンや動物質などを補完的に食べるとしています。これを見るとめまぐるしいほど「月替わり」のようによく食べる果実が入れ替わるようです。

重要なことは、この調査が5年間も継続されたことと、その5年間に季節変化がほとんど年変化せず、安定していたということです。

よく知られていることですが、クマやサルの食べ物は年による違いがあります。というのはクマやサルは秋にドングリ類をよく食べますが、ドングリをつけるナラやブナは豊作年と凶作年があり、それによって利用できる果実量が大きく変動するからです。このことはクマやサルの食べ物は1、2年の結果だけ結論めいたことを言うのは危険だということを示しています。その意味ではタヌキでも何年も調べたほうがよいのですが、それは根気のいることで、そういう研究はタヌキではこれまでほとんどありません。天皇陛下の論文はその意味で価値が高いのですが、興味深いのは5年間も調べたのに、毎年同じ季節変化が繰り返されたということです。これはタヌキがよく利用する多肉果（果肉が水分が多く糖類を多くふくむ果実）は結実の年次変化がドングリ類のようにはないからです。このことがタヌキの食性に安定性をもたらしているものと思われます。

これに比較すると、津田塾大学のタヌキの食性は、安定した林の食べ物を食べているという点では共通していますが、津田塾大学のタヌキは明るい群落の果実は食べていなかったのに対して、皇居ではイイギリ、サクラ類、イヌビワ、クワの仲間など、明るい林に生える木の果実もよく食べられており、皇居の森には明るい部分が混在することをうかがわせます。そのため皇居のタヌキは月ごとにさまざまに結実する果実を食べつなぐように利用しているようで、多様性という点では皇居のタヌキの食性のほうが多様だといえます。

このように、タヌキの糞を分析することで、津田塾大学のタヌキの食性の特徴をとらえることができました。

《コラム》 タヌキと陛下

皇居のタヌキの食性を紹介しましたが、私はその論文をたいへん深い感銘をもって読みました。ポイントは2つあります。

ひとつは検出物の識別力が高いということで、これは植物の専門家の中でも特別に知識の豊富な人が担当したからのようです。

もうひとつは5年間、毎週のように糞サンプルが集められた継続性ということです。しかもその5年間にほとんど年次変動が「なかった」のです。

私は学生とツキノワグマ、ニホンザルなどの食性を調べて、ナラ類の結実が年によって大きく変動するので、数年は調べなければ簡単に結論が出せないことを体験しました。だから長期継続の意義は人一倍知っているつもりです。しかし、私のような凡庸な研究者からすれば、最初の年と次の年で変動がなければ、そんなに継続しなくてもまとめてもよいと考えてしまうところです。しかし、皇居では5年も継続され、結果としてはそのあいだ食性が安定していたという事実が明らかになりました。

そして、そのことが皇居の森林の安定性をずしりと重みをもって伝えてきます。そこに私は陛下の自然に対する謙遜な精神を読み取りました。

ところで、私はその論文を読んで別のことも感じました。陛下はご自分でタヌキの糞を採集されたそうです。私は日常的にタヌキの糞を拾っていますが、それは臭《くさ》いものです。とくに夏は鼻が曲がりそうなほどです。それを陛下が実行されたことにまず感動します。しかもこのサンプリングがなされたのは2009年から2013年までです。ということは、東日本大震災をはさんでいます。この論文には付表がついていて、調査をした日付がすべて書かれています。それを見ると2011年の3月以降はブランクが増えており、調査ができなかったことがわかります。思えば当時、天皇皇后両陛下は精力的に被災地への激励の旅を続けられていました。そのことを思えば、このサンプリングがいかにたいへんであったか、私などには想像もできません。

一方で、私は「ほかの人は絶対にしないこんな特異なこと」をする者として、陛下に対して強い共感を覚えました。国際学会などでオオカミとかキツネの研究者と話をすると、たちまち旧知の仲のように仲良くなるものですが、それはお互い、同じたいへんなことをしている、ほかの人は知らない喜びがわかっているという気持ちが共有できるからです。私はそういう気持ちを陛下に対しても抱きました。

それで次のような短歌を作りました。

故ありてタヌキが糞を分析しけむが、
広きこの世にかくなる行なひを為す者、
幾人《いくたり》ありなむとこそ思ひけれ。
しかるに、あらむことか、帝がこれを
為されけむと知り、いみじう驚きたりて
作りたる歌・・

臭けれど 未知《しらず》を啓《ひら》かむ
楽しみを
陛下も為さると
知りし悦び

タヌキによる種子散布

タヌキを調べる視点

玉川上水の生きもの調査をするにあたって基本姿勢にしたことのひとつは、希少な動植物だから守るという考え方を採らないということでした。ありふれて、人の目から見て美しくもかわいくもない生きものでも、その生き様を知れば、そこにどれだけの緻密な構造があり、巧みな生理があり、合理的な行動をするかが理解されます。そのことを知れば、そのような生きものに対しても敬意に似た気持ちを抱くようになります。その気持ちを持つことが大切だというのが、半世紀を生きものに接してきた者の到達点なのです。

タメフン場の芽生え

タヌキのタメフンを調べ始めた早春にはまだ植物は芽生えていませんでした。その後2週間に1回ほどの頻度で糞の採取をしましたが、4月の中旬になると木や草の芽が芽吹き始めました。驚いたことに、タメフン場にたくさんの芽生えが見られたのです。始めは双葉《ふたば》ばかりなのでなんの芽生えだかわかりませんでした。

私はたまたま去年の秋にエノキの種子を鉢に植えておいたのですが、その芽生えの双葉が特徴的な形をしているのに気付きました。自動車の免許をとりたてのときに「双葉マーク」というのをつけるのが義務付けられていますが、エノキの双葉はあれとそっくりな形をしているのです。5月になると本葉も出て、確かにエノキの特徴ある葉脈が確認できました。

その頃になるとムクノキの芽生えもたくさんあることがわかりました。それに、数は少ないですがイチョウやカキノキも芽生えるようになりました。

エノキもムクノキも夏の終わりくらいから実が熟し、

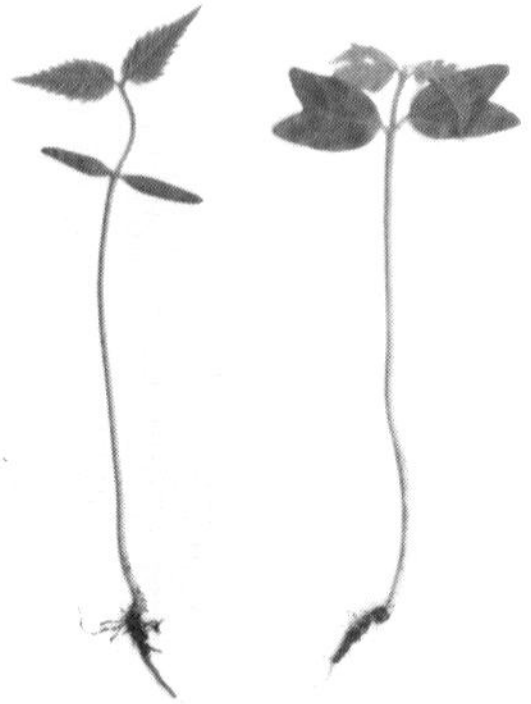

ムクノキ（左）とエノキ（右）の芽生え。エノキの双葉は「双葉マーク」にそっくり

甘みのある実をつけます。どちらも初めはある程度みずみずしさがありますが、長いこと枝先についていて初冬くらいになるとスカスカして、濃い甘さのある実になります。ヒヨドリなどが枝にとまって食べるのを見ることがありますが、タヌキやテンも好んで食べ、各地から報告があります。タメフン場の芽生えは去年の秋から冬にかけてエノキやムクノキの果実を食べたタヌキがここで糞をしたものから芽生えた違いありません。

もちろん、これから夏にかけて、この芽生えのほとんどは枯れてゆくことでしょう。でも、動くことのできない木が種子を運んでもらうために甘い果肉をつけ、それを食べたタヌキが移動して種子を運び、そこで芽生えたのはまちがいないことです。そう考えれば、タヌキからすればおいしい果実を食べたということですが、エノキやムクノキからすれば、果肉を提供することでまんまと種子を運ばせたということになります。その結果、森林の植物のダイナミズムにタヌキが一役かっているということになります。これは「玉川

タヌキのタメフン場のムクノキの芽生えのかたまり

ムクノキの果実（左上）と種子（左下）、エノキの果実（右上）と種子（右下）。格子の間隔は５ミリメートル

上水沿いの津田塾大学にはタヌキがいます」というだけの情報とはまるで重みが違うと言えないでしょうか。それが、私のいうタヌキが植物とリンク（つながり）をもって生きているということです。
　津田塾大学の林の一角にタヌキが糞をして、そこからムクノキなどが芽生えている。すぐ脇を授業のあいまに通りすぎる学生の目には何も入っていません。でも、私たちはそこに、ムクノキの戦略があり、それに乗せられてタヌキが種子散布の役割を果たしているという自然の話を聴くことができました。

マーカー調べ

マーカーで調べてみたい
　私は武蔵野美術大学で玉川上水の生きもの調査についての講義をしました。その中でタヌキの種子散布の実態を調べるために、ソーセージにプラスチックのマーカーを入れて、それをタメフン場で回収することで、移動距離を出したことがあるという話をしました。それを聞いて棚橋早苗さんという武蔵野美術大学で非常勤講師をしておられる方が「ぜひやってみたい」と言ってくださったので、津田塾大学でも実行することにしました。興味をもった学生さんといっしょに調べることにして、そのグループの名前を「チーム・ポンポコ」と名付けました。

たくさんのマーカーを作り、ソーセージに入れるチーム・ポンポコのメンバー

　文房具の番号をつけるテープを小さく切ってソーセージに入れて、それをタヌキが食べ、タメフン場で回収するという作戦です。
　餌場にはセンサーカメラをおきました。

マーカーの回収
　6月26日の午後、津田塾大に行って5カ所にタヌキの餌であるソーセージを置いてきました。ソーセージ中には番号をつけたマーカーが入っており、1カ所ずつ違う色がついています。

27日に2カ所、28日にはすべての場所でソーセージがなくなりました。センサーカメラをチェックしたところ、すぐにタヌキが来ていました。

タメフン場に新しい糞があったので分析用に持ち帰りました。そして水洗したのですが、なんだか白いものが入っていました。ときどき貝殻が出てくるので、そんなものかなくらいに思っていましたが、水洗が終わって容器に入れようとしたら、なんと番号が見えます！　マーカーは文具などに名前をつけたりするためのナンバリングテープで、接着面に薄い膜状のものが貼られていますが、これが糞に含まれていたのです。50という数字が見えました。

番号は全部の場所に共通ですから、色がないので、残念ながらどこのものかはわかりません。

「ああ、残念だなあ。せっかく出てきたのにどこのマーカーかわからないなんて」

でも、そのあと、私は考えました。

「待てよ、棚橋さんはマーカーになるテープの角《かど》をていねいにハサミで切っていた。もしかしたら、その切りあとの形が違うのではないか」

そこで棚橋さんに連絡をしました。

棚橋さん
「ダメもと」のことを書きます。棚橋さんはやさしさからマーカーの角《かど》がタヌキの直腸を傷つけないかとハサミで切っていましたよね。よくもまあ250枚も切ったものと感心しましたが、もし色付きテープの50番が写真にとられていたら、形でわかるかもしれません。写真にとっていたら送ってくれませんか？

そうしたら、反応のよい棚橋さんから、すぐに返事が来ました。

棚橋さんより
ス、スバラシイ思い付きです！　変な形に切った甲斐があったかもしれません！

といってマーカーの写真が送られてきたのです。ドキドキしながら比べてみました。糞から出てきた白

５色の「50番」。白い薄膜に似ているのはピンク（一番右）と黄緑（右から２番目）

いマーカーの特徴は、上が平らで左右に台形的に斜めに切られており、下のほうは丸く切られて右のほうにやや伸びていることです。５色の「50番」を見るとピンクのマーカーはだいたい条件を満たしています。青は左右が直線的に下がっているから違います。オレンジは全体に丸いのでこれも違います。緑はかなり満たしているので保留。赤は横長で上が丸いので違います。

というわけでピンクまたは緑まで絞られました。このふたつはよく似ていますが、50という数字の上のスペースがピンクでは帽子をかぶったように広く、緑では狭いのですが、白いマーカーは広いので、この点から緑は否定できます。それに、右肩の斜め線がピンクでは半分より下まで続いていますが、緑は半分より上で縦に折れ曲がります。白いマーカーは少し変形していますが、明らかに半分より下まで伸びています。かくして白いマーカーはピンクのラベルから剥がれたものにまちがいない

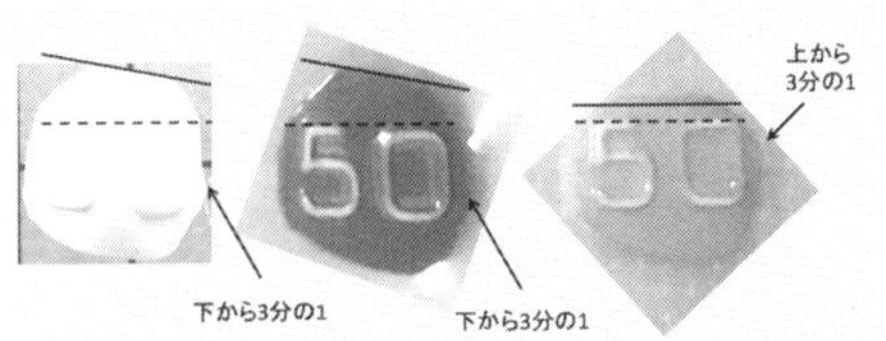

白いマーカーとピンクと緑のマーカーの比較

ことがわかりました。

深夜でしたが、私は棚橋さんにメールしました。

高槻より

さ、さなえちゃーん！

ピンクでないの？　うん、まちがいない、ピンクの、上が平らで左肩が斜めなのはほかにない。これは快挙である！

シャーロック・タカツキ

PS．あまりのことに下の名前で呼んでしまい、失礼しました。

棚橋さんより

おおっ！ホントだ！！！！　ま、間違いありません！名探偵！

ピンクということは、北東、梅子墓所東のですね！！！

下の名前で呼んでもらい、光栄です！

高槻より

棚橋様

私は長いこと研究をしてきましたが、これはかなりエキサイティングなことです。津田梅子先生の墓所近くのソーセージから出てきたというのも不思議な縁のように思われます。あそこは私たちが歩いてもタメフン場からけっこうの距離があるので「こんなに動いているんだ」という感じです。それになにより、私なら絶対にしない、250枚のマーカーの角をハサミで切るという棚橋さんのやさしさが動かぬ証拠を生み出すという意外な形で報われたことがとてもうれしかったです。

そのやりとりをしていたら、津田塾大学の学生である岩淵さんからメールが届きました。

高槻先生

素晴らしいですね！　タヌキの詳細な動きがどんどん明らかになっていく過程に、なんだかわくわくします。250枚もマーカーを作られたのですか！　やはりものすごく根気のいる作業なのですね。それにしても先生方のやり取りの楽しいこと……皆様の喜びも伝わってきて、私も楽しくなってしまいました。

それに対する私の返事。

岩淵さん

エールをありがとう。私の学生は7000枚以上のマーカーを作りました。

高槻先生

7000枚とは……！　恐れ入りました。本当に皆様の膨大な努力で調査が進んでいるのですね。頭が下がる思いです。彼らは夜行性なので会えませんが、「昨日の夜はこの辺りに来たのかな」などと時々キャンパスを歩きながら思います。これからもタヌキがのんびり暮らせるキャンパスであってほしいですね。

優しさの「賜物」

これはまだ始まりの始まり。データと言えるようなものではありません。が、しかし、事実を捉えるプロセスのおもしろさを共有したという意味でとてもよい体験になったと思います。美術系の人だから、生物の調査をするとはどういうことかわからず、専門家が何か特別のことをすると思っているようですが、特別のことではありません。わからないことはわからないのです。でも、工夫をすればわかることがある。それをどうやれば引き出せるかを考えることがおもしろい。そして引き出せたときの喜び、それを体験するという意味ではよいスタートになったと思いました。

それともうひとつ私にとって新鮮だったのは、棚橋さんのやさしさがこういう形で思わぬ拾い物になったということです。棚橋さんはプラスチックのテープをハサミで切るだけだと四角形の角《かど》がタヌキの消化管やお尻を傷つけるのではないかと心配したのです。そのことを私に相談しました。失礼なことに、私はその相談を受けたとき、笑い飛ばしてしまいました。

「あのねえ、私はたくさんのタヌキの糞を分析したけど、哺乳類の骨はもちろん、プラスチックの塊りや、輪ゴムや、ゴム手袋や、もうなんでも出てくるんですよ。野生動物は硬いから食べないなどと言っていたら生きていけない。皆さんが思うよりずっと丈夫でたくましいんです。やさしいのはいいけど、人間の感覚をそのまま延長するとまちがうことだってあるです」

私の言ったことはまちがっていないと思いますが、もちろん角《かど》を切ってはいけないということではありません。その面倒な作業をしたことにあきれ、感心したまでです。やさしい心で手作り的に1枚1枚ハサミで切ったから、その形がひとつひとつ違い、そのことがマーカーを置いた場所をつきとめることにつながりました。それは私にとってとてもうれしいことでした。

タヌキのタメフン探し

リベンジ

その後もマーカーの調査を続け、421枚のマーカーを置きました。ところが、回収されたのはたったの5枚です。どう考えても少なすぎます。キャンパス内の別の場所にタメフンがあるはずです。

そこで、10月の調査で南西の1カ所に小さなタメフン場（タメフン場２）を見つけました。そこで１枚のマーカーも見つかりました。

しかしその後は順調ではありませんでした。タメフン場２にはタヌキがあまり来なくなり、カメラにときどきは写るのですが、12月に入ってからはそれもなくなりました。

そういう状況だったので、12月18日に人数を集めてタメフン場を探すことにしました。朝10時に津田塾大学の正門に15人ほどが集まりました。

モグラの説明をする（撮影：棚橋さん）

津田塾大学に入ったところは芝生が広がっています。そこにモグラ塚があったので、少し説明をしました。

「モグラを解剖したことがありますが、皮をはぐと前半身はすごいマッチョなんです。土を掘るためにすごい力がいるんですね。プロレスラーみたいな逆三角形でモリモリの筋肉があります。それに前足の手のひらが大きくて、親指の外側に半月形の骨があります。これはふつうの硬さの土をほるときはそのままシャベルになるんですが、土が硬いと負荷が強くなりすぎるので、軽く折れ曲がって掘る手のひらの面積を小さくして腕が動かせなくならないようになっています」

それからタメフン場２に行きましたが、糞はありませんでした。

ちょっとがっかりして、タメフン場１に移動しました。センサーカメラをチェックしてみると、少しですが、糞をするタヌキの写真が写っていました。

タメフンを探す

それから列になって笹やぶを歩いてもらいました。ときどき獣道《けものみち》があり、糞がありそうなのですが、見つかりません。ここにはないので、東側の林に移動しました。最初に設置しているセンサーカメラをチェックしたら、昨日の夕方までタヌキが歩いているところが撮影されていました。タヌキはこの辺りを動いているのはまちがい

みんなで並んで林を歩く（撮影：棚橋さん）

ないので、タメフンが見つかるといいのだがと思いながら、北のほうに向けて進むことにしました。

津田梅子先生の墓所まで進みましたが、見つかりません。そこから北の塀沿いに西に進むことにしました。

しばらく行くとマヨネーズの容器が数個ありました。タヌキはマヨネーズの容器を好むようで、先日、明治神宮で調査したときも、まとまってあり、そこにタメフン場が見つかりました。どうやらタヌキはあの容器の「かたやわらかい」ところが好きなようで、歯型がたくさん残っています。

「ここでもあるといいんだけど」

と思いながら進みますが、1時間以上歩いて全然見つかっていないので、

「だめかも」

という気持ちが顔をもたげます。

ついにあった

そのとき、私の目の前に間違いなく大きなタメフン場が現れました。私は思わず、

見つかった大きなタメフンのかたまり

「あったよー！」

と大きな声をあげました。みんなが寄ってきました。それは直径にして40センチメートルほど、もりあがって高さも10センチメートル以上はあるもので、上のほうに新しい糞

が累々と重なっています。

「いいねえ」

　糞を見ながら私が言うので、みんなが笑いました。今日初めて参加した編集会社で子どもの本を作っている人が朝、動物の本を紹介してくれましたが、その本にのっていたタメフンよりもはるかに大きなものでした。

「あれより大きいよね」

「はい、ぜーんぜん。ザ・タメフンという感じですよね」

　またみんなが笑いました。そして、うれしかったのはマーカーも何枚かあったことです。ざっと見ても5枚ほどあります。

　マーカー調査をした棚橋さんは少し遅れて到着し、大喜びのようすです。私がよろこんでタメフンを覗き込んでいるのを見て

タメフンを前に（撮影：棚橋さん）

「あ、そのまま」

　といってカメラを構えるので、ちょっとポーズをとりました。われながらうれしそうな顔をしています。

　念願の新しいタメフン場がみつかり、しかもそれが見たこともないような大きなものでした。

津田塾大学のタヌキの動きを知るためのマーカー調べ

マーカー調査

　ここで改めてマーカー調査のことを紹介しておきます。まず場所ですが、津田塾大学のキャンパスは南北に長めの長方形で西側に府中街道があってそこに正門があります。林は外周にあり、南側が玉川上水に接しています。餌を置く場所はタメフン場がキャンパス東側に見つかったので、時計回りに北東、東、南東、南西としました。それぞれの場所に置くマーカーの色はこの順にピンク、緑、青、オレンジとしました。そして6月から7月にかけて4回にわけてマーカーを70枚置きました。ただ

津田塾大学のキャンパスとマーカー（丸）とタメフン場（☆）の位置

し2回目に北西を追加して赤いマーカーを40枚を置きました。その後、10月に5カ所すべてに20枚を追加し、各場所に90枚（北西だけは60枚）、全部で４２０枚を置いたことになります（次ページの表参照）。

マーカーの回収

次はマーカーの回収ですが、春に見つかった東側のタメフン場からは3枚が回収されました。1枚はピンクですから北東に置いたもので、ほかの2枚は青（南東）でした。このことからこのタメフン場を利用するタヌキはキャンパスの東側を北から南までを使っていることがわかります。ただわずか3枚ですからそれ以上のことはなんとも言えません。

どう考えても回収数が少ないので、10月にローラー作戦で別のタメフン場を探したら、西側のやや南よりに小さなタメフン場が見つかり、ピンク（北東）のマーカーが1枚だけ見つかりました。これはキャンパスをほぼ対角線で横切る距離です。

12月にもう一度タメフン探しにリベンジし、北側の林でついに大きなタメフンが見つり、27枚ものマーカーがありました。そうすると総計31枚が回収されたことになり、回収率は７・４％と、納得できる値になりました。

マーカーには偏りがあるだろうか

さて、問題はこのタメフン場にもたらされたマーカーは5カ所から均等に来たか、偏りがあったかです。それを調べるために簡単な例を示して考えてみます。

もし中央にタメフン場があり、東西南北に等距離にそれぞれ50枚のマーカー（全部で２００枚）を置いたとします。もし半分の１００枚が回収されて、方向にまったく偏りがなければ東西南北から25枚ずつになるはずです。これを「期待値」といいます。では南北が40枚ずつ、東西が10枚ずつならどうでしょう。これは南北に偏っているはずです。では南北が30枚ずつ、東西が20枚ずつならどうでしょう。これは微妙です。このことを明らかにするには統計学が役立ちます。

　結論的にいうと、南北40枚のときは偏りがあり、南北が30枚のときは偏りがないといえます。これにはカイ２乗検定という検定を使います。これによると、南北が40枚になっても偏りがないといえる確率は１万分の２程度で、「とてもありえない」から「偏りはある」といえます。しかし、南北が30枚になることは57％の確率でありえることになります。

　ではこれを津田塾大のタメフンについて応用してみます。結果は次のとおりでした。

　この設置数（北西だけは少ない）と回収数をどちらも１００枚としてグラフに描くと下のようになります。黒棒が期待値で、点々の棒が実際の回収数の相対値です。そうすると東の回収数が少なく、南西の回収数が多いようだということがわかります。

　それをカイ２乗検定すると、微妙な結果になりました。

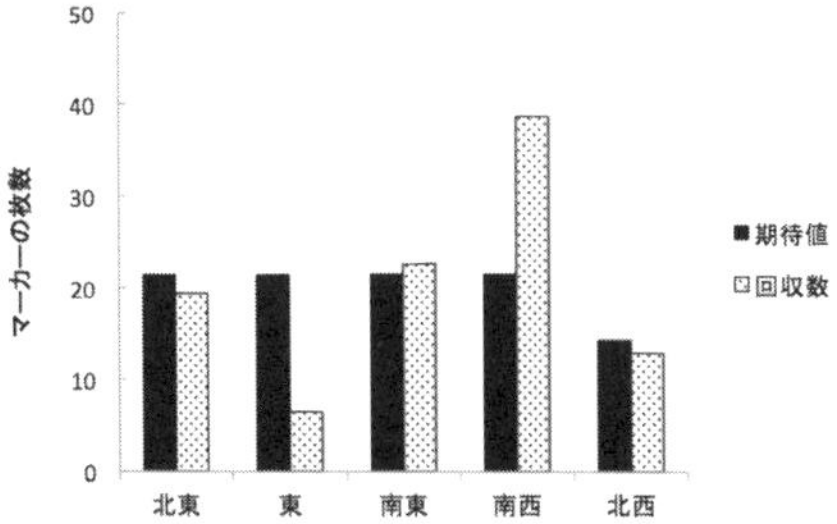

	設置数	回収数
北東	90	6
東	90	2
南東	90	7
南西	90	12
北西	60	4
合計	420	31

津田塾大学の５カ所の餌場に置いたマーカー数と実際に回収されたマーカー数（右）とその関係を示すグラフ（左）

「偏らない」といえるのはカイ２乗検定で起こりうることを指標する数字が５％以下でないといけません。つまりそれが起きないのは５％以下だから「まずない」といってよいということです。ところが結果は６％だったのです。わずか１％ですが、「偏っている」とは言えないということになりました。

　もちろんこの仮定は単純すぎます。というのは、タメフン場は北の中央にあるので、例題で考えたように中央にあるわけではなく、餌場とタメフン場の距離は一定ではないからです。だから同数が集まるという仮定が非現実的です。実際問題、タメフン場のすぐ近くにある北西から4枚しか運ばれておらず、一番遠い南西から12枚運ばれていたことは、回収結果以上に偏りが強いということです。

そこで、もう少し現実的な仮定をしてみます。地図を見てわかるように、北側の2カ所はタメフン場に近いので、これはそのまま来るだろうと仮定します。一方、南側の3カ所は倍以上離れていますから、それだけ運ばれてくる確率は低いはずです。そこで控えめに運ばれる数は半分として計算しなおしてみました。そうすると「偏っている」とはいえない確率は1・2%となりました。ややこしい日本語ですが、要するに偏っていると考えてよいということです。

これは控えめな仮定です。実際、北側の2カ所から2枚、4枚しか来ていないのに、南の1カ所からは12枚、別のところからは2枚しか来ていないのだから、これは偏っているというほうが無理のない解釈です。

というわけで、私たちには知りようがありませんが、このタメフン場を利用するタヌキは何かの理由があって南西から北への動きを盛んにしているようです。津田塾大学の守衛さんの話では、まさにこのコースである本館の前を、夜にときどき横切るタヌキを見るということですので、現実に起きているようです。

思いがけないマーカー

以上の調査でマーカーはかなりの回収率で回収され、タヌキは偏りはあるものの、キャンパス内を縦横無尽に動いていることはまちがいないようです。これでひとつの疑問が解消しましたが、キャンパスの外はどうかという疑問もありました。そこで「チームぽんぽこ」は10月にキャンパスの西側の府中街道を挟んだ雑木林にも半透明の黄色のマーカーを20枚と南側の玉川上水に7月と10月にそれぞれ20枚の黒いマーカーを置きました。

そのマーカーは、12月に北のタメフン場から2枚回収されました。ということはタヌキは交通量の多い府中街道を横切ってキャンパス内外を行き来しているということです。

20枚のうち2枚ですから多い少ないを論じるには置い

た数も回収数も少なすぎますが、「津田塾大学のタヌキはときどきキャンパス外に出ている」という重要な発見があったということになります。これは今後さらに数を増やして確認するつもりです。

マーカー調査は地味で根気のいる調査ですが、何が起きているかが少しずつ分かってくるとそれだけ大きな喜びが得られます。この作業を生態学者と美術系の人たちがいっしょにおこなうことで、科学する心やわかったときのよろこびを共有できたこともうれしいことでした。

第6章

糞虫を調べる

玉川上水の糞虫

鼻つまみ者

これまで、タヌキがいることが、エノキやムクノキの種子を運ぶということにつながっているということを紹介して、それがリンク（生きもののつながり）の一例であることを説明しました。ここでは、それを受けて、タヌキのもうひとつのリンクを紹介します。

生きものの中には人に好まれるものもいれば、嫌われるものもいます。植物でいえば、きれいでなくてどんどん増えてしまう雑草のたぐいは嫌われます。オオブタクサとかシナダレスズメガヤなどは、たいへんな繁殖力をもっており、生えだすと在来の日本の植物を追いやってしまうので、やっかいものです。動物では害虫、害鳥、害獣などといわれ、農業などに被害をおよぼすものは嫌われます。カやハエなどもいやがられます。これらは実害があるからで、嫌われるのは当然でもあります。ただ、これとは別に嫌われ、いとまれる動物もいます。

その例として糞虫があります。糞虫は害虫のように害があるわけではありません。ただ糞というものは世界共通、どの民族でも汚いもの、臭《くさ》いもの、いやなものの代表です。

ところで、生態学的にいえば、糞というのはその動物が生きるために自然界からいわば選んで集めた資源を消化した老廃物といえます。その内容は動物の種類によって違いますから、糞にはその動物の生き方そのものが凝縮されているといえます。

「糞」という字は「米」と「異」が組み合わさっています。米、つまり人の食物の代表が消化を経て姿を変えたものという意味でしょうから、ライオンであれば「肉」と「異」の、シカであれば「葉」と「異」の組み合わせがふさわしいということになるでしょう。

さて、糞は何といっても汚いものです。その糞に集まる虫など考えるだけでおぞましいというのがふつうの感覚でしょう。もし我が家の子が糞虫を拾ってきたとしたらどうでしょう。

「そんな汚い虫、なんでとってきたの！　早く捨ててきなさい！」

というのがふつうの反応でしょう。糞虫はゴキブリ以上におぞましい「鼻つまみ者」なのです。ただし、それをまじまじと眺めたりしてではなく、「糞にたかるムシ」というイメージによって。

自然界の役割という視点で生きものをとらえる
——糞虫を知ることの意義

テレビで「動物もの」の番組があります。見ると「驚くべき」行動が紹介されます。とくにメスを獲得するためのオスのディスプレー行動や、子育てのための親の努力、あるいは獲物を捕らえるための捕食者の行動などが強調されます。そのドラマチックな行動は視聴者を興奮させます。しかし、それらの行動は非日常的なことであり、そうであるから撮影にも苦労があり、作品の価値が高くなります。逆にいえば、そうでない日常的な行動は珍しくもなく、驚くべきこともありませんから、撮影するに値しないということになります。

でも、動物の費やす大半の時間はそういう退屈ともいえる行動の繰り返しです。そして食べれば必ず排泄します。

自然界では排泄物を利用する動物がおり、糞虫はその代表的なものです。糞虫のほうからすれば、糞は貴重な食糧であり、それを見つけ、利用するためのさまざまな適応をしています。

糞虫にとっては糞を利用することは生きていることそのものですが、それは結果として糞を分解することになります。その結果、たんぱく質など栄養価に富んだ糞が土中に還元されます。臭い塊はそうして分解され、消えてゆきます。

植物は水と光と二酸化炭素によって光合成して有機物を生産します。それを食べる動物がおり、その動物を食べる動物もいます。食べるだけでなく、植物を住みかとして利用したり、巣の材料などとして利用する動物もいます。そのようにして自然界にいる無数の生きものがそれぞれに役割を持っているのです。これを「生態学的役割」といいます。糞虫の生態学的役割は糞を分解することにあります。

それにより土中に還元されることで植物の栄養となり、植物の生産を通じて再び生態系の循環が始まることになります。

そのように考えれば、糞虫の働きは生態系全体にとって重要であり、生物の価値は、人間のつごうで「役に立つ、立たない」と決められることでないのはいうまでもなく、まして、きれいとか、ありふれているといったことで優劣をつけられるべきものでもないことが理解されます。むしろ、生きものの価値は、自然界で果たしている役割によってとらえられるべきであり、それはつまるところ、すべての生きものにはそれぞれの価値があるのだという重要な視点に行き着きます。

私たちの感覚にはきれい、汚いとか、可愛い、気持ち悪いなどの評価が避け難くあります。それは自然なことですから、それをよくないとはいえません。でも、私たちは理性により、自然を学ぶことによって、それぞれの生きものの生き方を理解し、自然界における役割を知ることによって、見た目によって陥りがちな偏見や不当な評価を改めるべきだと思うのです。糞虫のことを知るということには、知らないで「鼻つまみもの」と決めつけるわれわれの偏見を、正しく知ることで評価し直すという意味があると思います。

玉川上水で糞虫を調べること

糞虫がいるということは、彼らの食物である糞があるということが前提となります。だから、糞虫がいるということは哺乳類の生息を可能にする豊かな自然があることを意味します。

都市の小さな公園などに行くと、木があり、雑草なども生えていますが、チョウがいないことがよくあります。チョウがいるためには、少なくとも幼虫が食べる食草があり、成虫が蜜を吸える植物がなければなりませんが、都市の公園ではその両方を満たしていないことが多いからです。ただしナミアゲハやアオスジアゲハがいることがあります。ナミアゲハの幼虫はカラタチなどを食べますが、カラタチは生垣などにしてありますし、アオスジアゲハは幼虫がクスノキを食べますが、クスノキは都市の学校や神社にあります。そして成虫は園芸品種の花からも蜜を吸えます。だから、チョウがいることはそうした植物があることの指標になります。

そのように考えると、糞虫がいることは糞を供給する動物がいることの指標となるということになります。玉川上水には全面的ではないにせよ、タヌキが生息していることがわかっています。それに、タヌキがいなくても、イヌの散歩をする人はたくさんいます。イヌの飼い主は散歩をしてイヌが糞をすれば片付けますが、ときどきは片付けない人がいます。とくに緑の豊かな玉川上水では、舗装道路ほど糞が目立たないということもありますから、ついつい放置したり、遊歩道の脇の草むらに動かして放っておくということはあるでしょう。その糞を利用する糞虫が生き延びている可能性もあります。

　私はそういう関心から玉川上水で糞虫の調査をすることにしました。

糞トラップで採れた糞虫

　私が働いている麻布大学にはいろいろな動物が飼われているので、イヌとウマの糞をもらってきました。イヌの糞のほうがベタつき、強い匂いがします。ウマの糞はパサパサして、匂いはあまり強くありません。

　糞トラップはプラスチック製の小さなもので、それに紐を通して地面に安定させました。それから糞を大さじ1杯ほどとりだし、ティーバッグに入れて、割り箸ではさみます。それをバケツの上にわたし、これを紐《ひも》にもかけて安定させました。これで完成です。

　糞虫は糞の匂いに惹かれて飛んできてバケツに入りますが、そのままでは飛んで逃げるので、バケツの底に水を少し入れておきます。そうすると逃げることはまずありません。バケツを4個用意し、5メートルほど離して馬糞、イヌ糞、馬糞、イヌ糞と繰り返して置きました。これを夕方セットして翌日を待ちました。

　翌朝、トラップを見回りました。罠の見回りというのはワクワクするものです。最初にイヌの糞のトラップを見たら、3匹の黒いものが見えました。水の中で足を動かしています。

「いたいた、エンマコガネだ!」

　私はシカの研究をしてきたので、シカの生息地にいる糞虫であることがわかりました。ところが、

糞トラップ

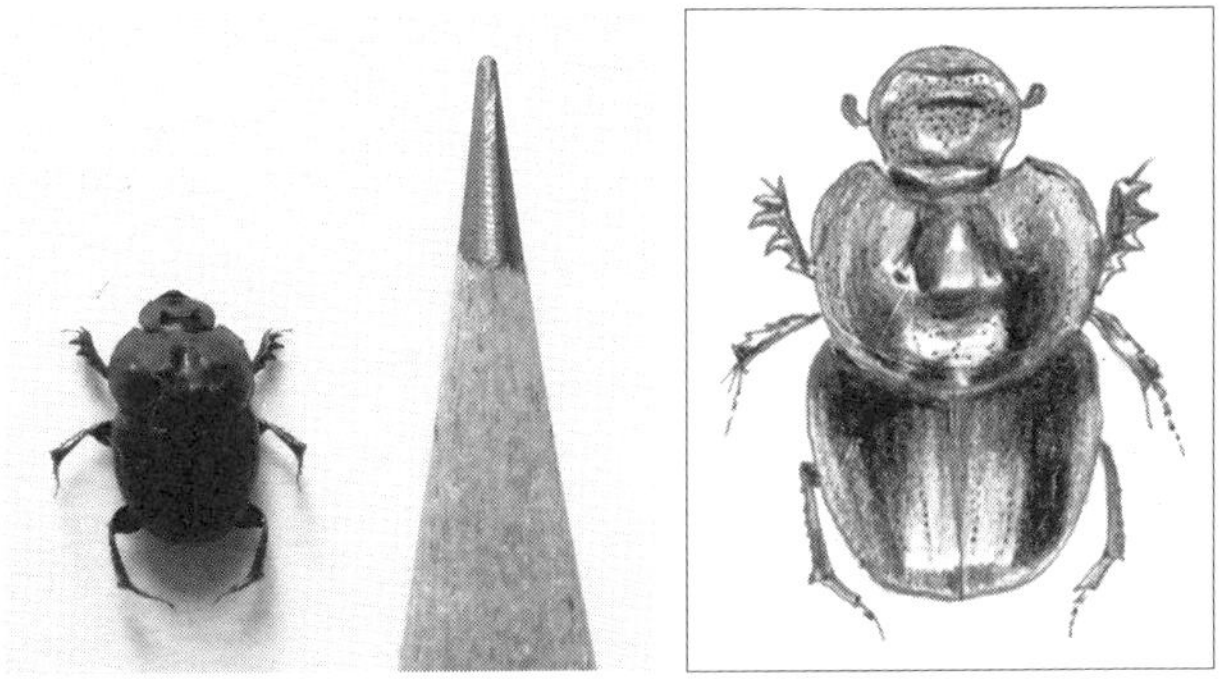

コブマルエンマコガネ（左）とそのスケッチ（右）

近づいてよく見ると、今までよく見たエンマコガネなどとは違い、胸の背側に2つのコブがあります。あとで調べたらコブマルエンマコガネであることがわかりました。

　見慣れているコガネムシの仲間に比べると翅《はね》のある胴体部分に比べて胸（正確には頭胸《とうきょう》部という）の比率が大きく、かわいらしい感じがします。私はその造形美に見とれて思わずスケッチをしました。

　前脚には糞を崩すためのギザギザがついています。これをヘラのように使って糞を砕くのです。糞を分解するためにエンマコガネの前脚の力はたいへん強く、エンマコガネを手で握ると、指のあいだをすごい力で進みます。また動きがすばやく、すぐに飛び立ちます。飛んでいるのを見ると、ハエのように見えます。

　玉川上水には私がこれまで見てきたシカ生息地にいる糞虫とは違う糞虫がいたわけで、これはどういう意味なのだろうと興味を持ちました。

糞の分解　室内での実験

　私はコブマルエンマコガネの分解力を調べてみました。プラスチックバケツの底に土をしき、そこにピンポン球より一回り小さいくらいに丸めた馬糞の球を置きました。そこに5匹のコブマルエンマコガネを放しました。

　バケツには蓋をして暗くし、ときどき変化を観察することにしました。5時間後には糞の一部に亀裂が入っていました。11時間経つと明らかに崩れたことがわかりました。そして16時間経つとばらばらといってよいほど崩れました。実はこれは夜中の4時だったので眠かったのですが、糞が崩れているのを見て「コブマル君、やるなあ」とうれしくなりました。その後1日経つと、糞はバケツの底全面に広がって平坦になってしまいました。

コブマル君の体長は1センチメートル足らずにすぎません。大胆で荒っぽい試算をしてみます。人の体長を1・5メートルとします。糞球の直径は5センチメートル、コブマル君の5倍ですから、糞の大きさを人と比べると、人の体長の5倍、つまり直径7～8メートルの教室ほどということになります。ワラの塊りであれ、布の塊りであれ、これを5人で崩すことなどとてもできることではありません。それをコブマル君はやすやすとやってのけたのです。その日、私はこの小さな糞虫のエネルギーを見て、痛快でした。

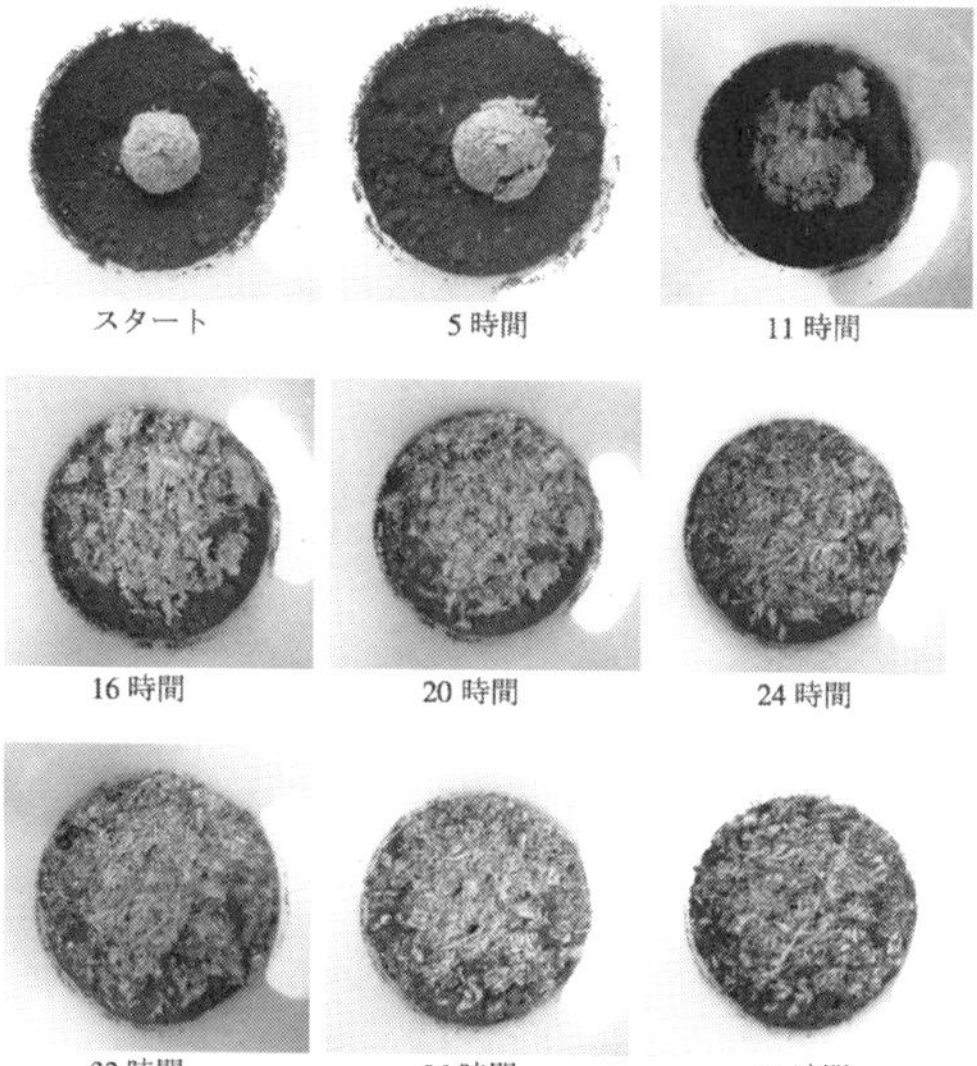

コブマルエンカコガネ5匹が球状に固めた馬糞を分解する過程

動画にとらえる

　こうして私は簡単な実験をすることで糞虫の分解力のすごさを確認しました。例によって観察会の常連にメールで報告しました。

5月13日、高槻より

皆様

　感動的なことなので報告します。今朝コブマルエンマコガネを5匹採集しました。馬糞で直径4センチメートルほどのボールを作って小さい容器に入れて、コブマル5匹を入れておきました。そうすると5時間後に糞に亀裂が入り、16時間後には大きく崩壊しました。今夜起きてもう一度撮影し、1日後にも撮影しますが、きっとばらばらに分解すると思います。現在進行形の報告でした。「糞虫すごい！」です。

これに対して返事が届きました。

5月14日、武蔵野美大映像科の小口先生より
高槻先生、関野先生、みなさま
本当に「糞虫すごい！」「Good job!」です。高槻先生の感動フィルターを通した実況中継にワクワクします。これは目の当たりにしたら強烈な実感でしょうね。

小口先生は映像の専門家で、私の報告に興味を持ってコブマルエンマコガネが糞を分解するようすを映像に撮りたいということになりました。

6月4日、小口先生より
トラップから糞虫3匹を回収。厚さ8ミリメートルのA4サイズ・アクリルケースに土と直径5センチメートル厚み8ミリメートルのイヌ糞を入れ、糞虫たちを投入。22：00〜インターバル撮影開始。

6月5日、小口先生より
およそ15時間経ってもイヌ糞はビクともしないし、どこかにいるはずの糞虫たちの気配もしないので、新たに比較的イキのいい2匹の糞虫を回収し、ケースに投入した。18時間経過で、新顔の2匹が土にまぎれてモグモグと動いているのがわかり、ほくそ笑む。明日にはもう少し糞の解体が進んでいますように。

6月5日、高槻より
小口先生
たいへんごくろうさまです。大学関係者からは「高槻は人を巻き込む」と言われます。私はそのつもりはないのですが、自分が夢中になると、周りに伝染するようなことがあるようです。ただそれは「舎弟」に限られていたのですが、今回は「堅気」を巻き込んだみたいで片腹痛しです。

と言いながら、また巻き込んでいます。そして翌日になると小口先生から朗報が届きました

6月5日、小口先生より
「動いてた‼」

肉眼ではほとんど糞虫の気配も感じられないし、何事も起きていないように見えていたのですが、前半戦の動画を再生してみたら、インターバル撮影で速回しのようになるので、コブマルエンマコガネたちがせっせと仕事しているのがわかります！コブマルエンマコガネ、イカしてる。

6月9日、高槻より

後半が実によい映像だと思います。糞の中をチョコマカと掘り進むようすがおもしろいし、突如上のほうにポコっと現れたりするのが不思議ですし、下のほうに突然ボコッと糞の塊が出てきたりして、「こうして崩していくんだ」と、改めて「糞虫ってすごいや」と思います。

「小口報告」は私たちにさざ波のように感動を与えました。みんなが、それまではなにげなく玉川上水を散歩していました。もちろん「いい自然だな」と感じ、新緑に、紅葉に自然の美しさを感じてはいました。でも、いまみんなの心の中には、あの玉川上水に小さな糞虫がいて、それにはコブマルエンマコガネという名前があり、イヌやタヌキの糞を探してはブーンと飛んで行き、糞の中にもぐりこんでは前足でかきわけながら進み、あっというまにバラす、そういう活動をしているということがイメージとして浮かぶようになったのです。

コブマルエンマコガネ

さて、玉川上水で糞虫を調べて、糞虫のほとんどはコブマルエンマコガネであることがわかりました。これは私が長年シカの調査をしている宮城県の金華山ではオオセンチコガネが多く、エンマコガネはカドマルエンマコガネやクロマルエンマコガネなどであるのとは違うことでした。また長野県の御代田《みよた》町の牧場でおこなった調査でも、多かったエンマコガネはマエカドエンマコガネやシナノエンマコガネで、コブマルは採れていません。シカは草食獣ですし、牧場にいるウシやヒツジも草食獣です。どうやら草食獣の糞にはコブマルエンマコガネは少ないようなのです。

肉食獣の糞の調査例はあまりありませんが、その珍しい調査として、ツキノワグマに来た糞虫を調べたものがあります。甲府盆地でツキノワグマの糞トラップを置いたところ、最も多かったエンマコガネはカドマルエンマコガネでしたが、コブマルエンマコガネも多く、カドマルの88%に達したといいます。この例だけで結論めいたことはいえませんが、クマの糞にはコブマルが来ていたという結果は興味をそそります。

八王子で調べる

ここまでの調査で私が考えたのは「玉川上水にはまちがいなく糞虫がいるが、そのほとんどはコブマルエンマコガネだ。これにはなにか理由があるのではないか。考えられるのは、玉川上水に供給される糞はタヌキかイヌのものくらいなもので、これはシカがいるところや牧場とは違うことだ」ということです。コブマルエンマコガネの繁殖行動などを調べた国立環境研究所の岸茂樹《きししげき》さんに質問したら、コブマルエンマコガネは肉食獣の糞を好む傾向があるということでした。

このことから私が想像したのは次のようなことです。「玉川上水には今はいなくなったものの、昭和の時代には牛馬もいたのだから、当時はもっといろいろな糞虫が

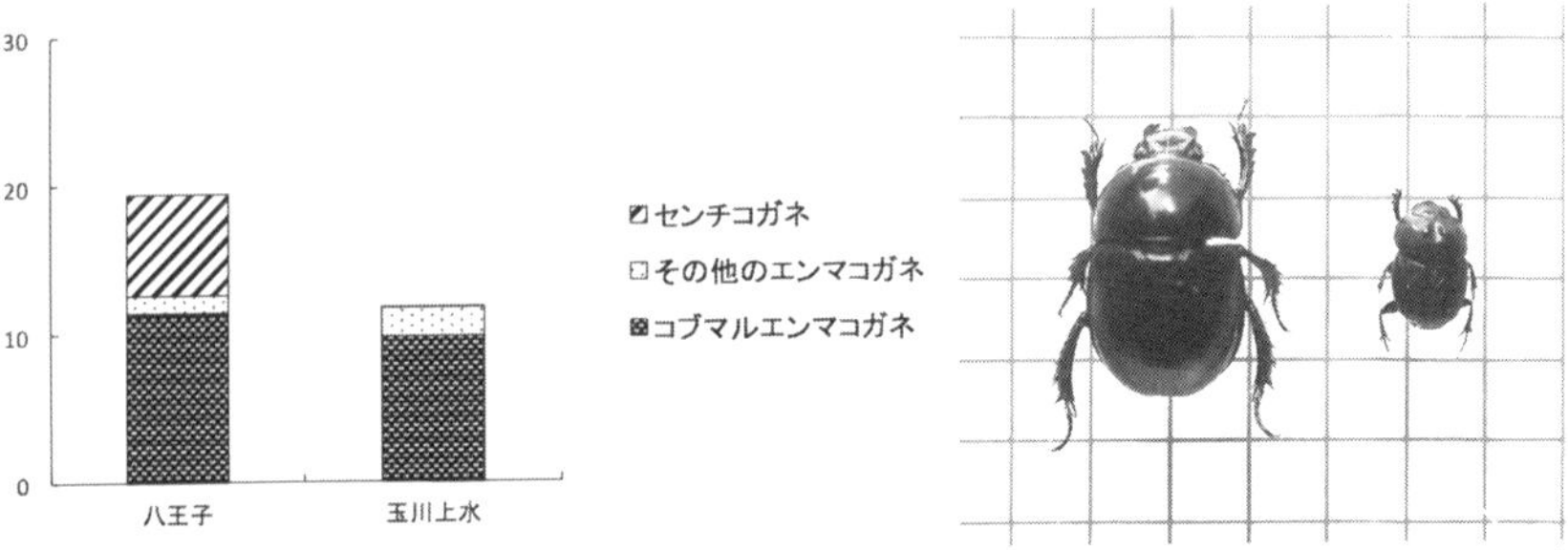

八王子と玉川上水でのトラップあたりの採集糞虫数（左）、右：センチコガネ（大）とコブマルエンマコガネ（小）。格子の間隔は５ミリメートル

いたのではないか。それが農業の変化によって牛馬がいなくなり、それにともない、糞虫もコブマルエンマコガネしか生き延びることができなかったのではないか」ということです。

そして、「もしそうなら、玉川上水の西側にある高尾山などの山にはイノシシやノウサギがおり、最近では場所によってはシカも入ってきた。そういうところで調べたらコブマルエンマコガネ以外の糞虫もいるのではないか」と考えました。

そこで、八王子のある雑木林に玉川上水でおこなったのとまったく同じトラップを使って、ウマとイヌの糞を置いてみました。2016年7月12日にトラップをそれぞれ5個置いて、翌日の午前中に点検に行ったところ、ウマの糞には1匹も来ていませんでしたが、イヌのほうにはけっこう来ていました。ウマの糞は匂いが弱いので、糞虫はあまり惹きつけられないようです。

持ち帰った糞虫をあとで数えたら次のようになりました。八王子にもコブマルエンマコガネはいて、その数も玉川上水と違いませんでした。しかしはっきり違っていたのは、センチコガネが平均で6・8匹採れていたことです。

この結果を見比べると、玉川上水が八王子にくらべてセンチコガネが欠落していると読み取れます。センチコガネはシカのいるところや牧場に多い糞虫ですから、私が考えていた仮説は見当はずれではないと考えてよさそうです。

山梨県大月市での調査

平地である玉川上水よりも、山の裾にある八王子では草食獣の糞を利用するセンチコガネがいたのだから、それよりも深い山ではどうだろうと気になります。実はたまたまですが、私はその情報を持っていました。

私は2015年に山梨県の西、八王子の奥にある山を超えた上野原にある帝京科学大学の学生を指導することになりました。4人の学生のうち昆虫が好きだという小林尚暉《なおき》君に大月市の山で糞虫を調べてもらうことにしました。そのうち落葉広葉樹林においた糞トラップの8月のデータを紹介しましょう。

糞は私が翌年玉川上水でおこなったのと同じ、馬糞とイヌ糞を使い、糞トラップを5個ずつおいて、翌日回収しました。ここは糞虫が非常に豊富で、トラップ1つあたり、イヌ糞ではなんと180匹も回収されたのです。

マエカドエンマコガネ

そのうち今回の話題に関連したエンマコガネが数種回収されましたが、数が多かったのはコブマルエンマコガネとマエカドエンマコガネでした。

　この辺りの森林にはタヌキやキツネはもちろん、イノシシやシカも多く、センサーカメラにはアナグマやハクビシン、ニホンザル、ツキノワグマなども撮影されるそうですから、哺乳類は豊富で、糞も十分に供給されると思われます。それを反映して糞虫の種類も数も八王子よりさらに多く採れました。ここでは八王子や玉川上水と違い、馬糞でもたくさんの糞虫が採れました。

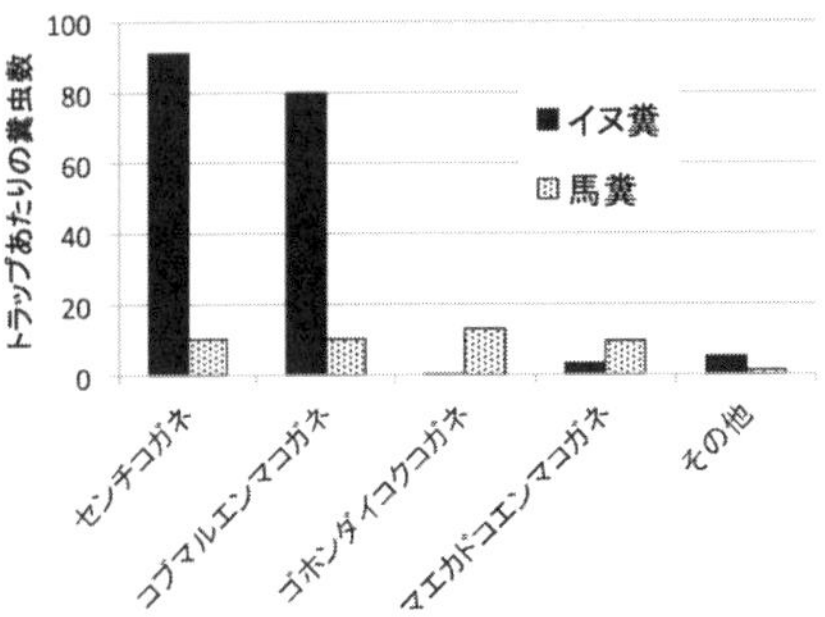

大月市の落葉広葉樹林で回収された糞虫の数

　おもしろいことに馬糞とイヌ糞で集まった糞虫に違いがあり、センチコガネとコブマルエンマコガネは圧倒的にイヌ糞のほうによく来ていました。コブマルエンマコガネはイヌ糞になんと平均で80匹も来ており、馬糞には10・2匹でしたから、コブマルは明らかにイヌ糞を好んでいました。これに対してマエカドは馬糞のほうが3倍多く採れました。これにより、同じエンマコガネでもコブマルは肉食獣の糞を、マエカドは草食獣の糞を好むという違いがあることがはっきり示されました。なお玉川上水ではまったく採れていませんが、ゴホンダイコクコガネはイヌ糞にほとんど来ず、馬糞にたくさん来ていました。

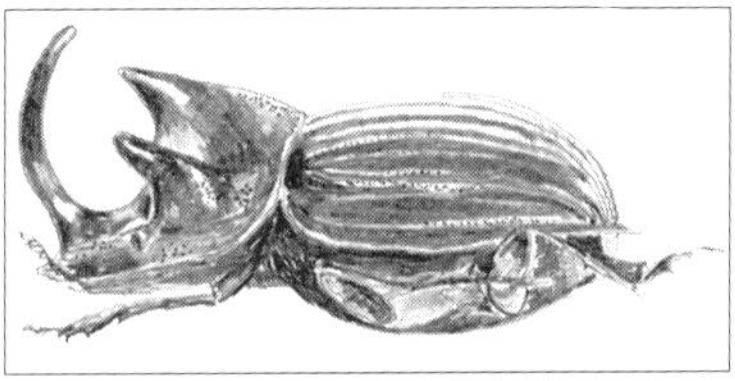
ゴホンダイコクコガネ（側面）

　草食獣の糞は、量は多く、匂いは強くありませんが、肉食獣の糞は、量は少ないものの強い匂いがします。ということは、肉食獣の糞を使うコブマルはその糞を察知し、遠くからでも飛んで行かないといけないはずです。岸さんによると、確かにコブマルは飛翔力があるそうです。おそらく察知能力もすぐれていて、少しでも肉食獣の糞があれば察知して飛んで行くのでしょう。
　山の牧場はもちろん、森林でも草食獣の糞のほうが多く、肉食獣の糞は少ないのが一般的な傾向です。したがって肉食獣の糞を利用する糞虫は肉食獣の糞のありかを察知し、そこに飛んでゆく能力に長《た》けているものと思われます。

八王子と玉川上水の比較

そういうことを背景に、玉川上水を糞虫の生息環境として見たらどうなるでしょうか。戦後、開発が進んで、雑木林が減るとともに、牛馬などの家畜がいなくなりました。

小平の古老から聞き取りをした『用水路　昔語り』という冊子があります。その中に次のような記録があります。

明治時代かそれ以前のようですが、

「小川も砂川も昔はウマが多くて、……助郷《すけごう》*なんかに結構出てたようです」（砂川と小川は小平の西隣）

「新小平駅の辺りが昔、ウマの継ぎ場があり、ウマ用の飲み水として、道の真ん中に水路があった、という話は聞いていています」

（こだいら水と緑の会『用水路　昔語り』２０１６年）

時代が下って昭和の初めのことについて

「農耕馬は小平にはいなかった。乳牛は戦中、戦後にかけて何年か、一部落に2軒飼っていましたね。……近隣が開拓されて『臭い』とかでやめたのが多い」

（こだいら水と緑の会『用水路　昔語り』２０１６年）

＊助郷：徳川幕府が街道沿いの宿場の管理のために周辺の村落に課した夫役

またシカやイノシシはもちろん、キツネなどの野生動物がどんどんいなくなり、かろうじて残る小さな雑木林や玉川上水にタヌキはなんとか生き残りました。糞虫にとって、玉川上水はタヌキの糞と犬の糞が供給される環境になっていったと思われます。そこでは草食獣の糞をよく利用するオオセンチコガネやマエカドエンマコガネなどが生きるのはむずかしく、肉食獣の糞を利用するのに特殊化したコブマルエンマコガネが生き延びたのでしょう。

市街地の糞虫

糞虫は特別なところにいる

　私の中には、糞虫はどこにでもはいないという「常識」がありました。小学生のときに夢中になって読んだ『ファーブル昆虫記』に出てくるスカラベは日本にはいないと知ってちょっとがっかりしたものです。でも日本にも糞虫はいるらしく、図鑑によればオオセンチコガネとかムネアカセンチコガネなどという、すばらしく美しい光沢を持った糞虫やゴホンダイコクコガネ、ツノコガネなど、カブトムシ並みのツノを持っている糞虫もいるらしいことを知り、胸が高鳴りました。それらは脚の先にギザギザがついていて、スカラベのように魅力的なものに見えました。

シカの糞に来たオオセンチコガネ

　私はもしかしたら糞虫に会えるかもしれないと思い、城山《しろやま》（西日本の城下町には町を見下ろすような山に城跡があり、よい林があるので昆虫採集に適している）にある公衆トイレの脇を覗いてみましたが、糞虫はおらず、トイレの匂いがするのでいやになってそれきりになっていました。

　大学生になって宮城県の金華山という島でシカの調査をするようになりました。そこではシカの糞がいたるところにあり、赤紫色のメタリックな光沢をもつオオセンチコガネがいくらでもいました。よく見るとエンマコガネの仲間もたくさんいました。

　長年あこがれていた糞虫との出会いはあまりにあっけないもので、うれしくはありましたが、半ばがっかりしたような気持ちがあったのも確かです。調査を終えて仙台に帰れば糞虫とは無縁でした。ですから、糞虫というのはなんといっても特別の場所にいる、特別な存在でした。

市街地の孤立緑地

そういう背景があったので、玉川上水にコブマルエンマコガネがいたという朗報によろこびながら、「周りの市街地にある孤立緑地にはいないはずだ」と思っていました。

すでに紹介したように、玉川上水でのタヌキの生息状態を調べたところ、タヌキは玉川上水にはいても、市街地に囲まれた島のような公園にはあまりいないことがわかっています。タヌキくらいの大きさの動物にとっては、餌を確保するにも、すみかを探すにしても、ある程度の広さが必要でしょうから、これは当然のことだと思えました。

そこで、糞虫でもこのことを確認しようとしたわけです。そのために糞虫トラップを公園などの緑地に置いて調べてみることにしました。手始めに自宅のすぐ近くの小さな公園を2つ選びました。糞は容器の上にぶら下げ、トラップは翌朝回収しますから、公園の土壌を汚染するとか、誰かに迷惑がかかるということはありません。これをツツジなどの植え込みの間に置きました。

意外な結果

調べた公園のひとつはわりあい広いところで、「いるかもしれない」という気はしていた場所で、翌朝確認すると確かにコブマルエンマコガネが3匹入っていました。

「へえ、いるんだ」

と納得しました。その足で「ここにはいないだろう」と思っていた小さな公園でも回収したところ、なんとそこにも2匹入っていたのです。

「あれ？　いないと思っていたところにもいるなあ」

と思いながら、しかし、これはたまたまではないかと思いました。

ですから、「いないことを確認するために」、もっと調査例を増やさないといけないと思いました。それで、同じような場所を探して事例を増やしていきました。ところが、調べれば調べるほど「いる」事例が多くなり、中には1トラップに10匹以上とか20匹以上採れるのさえあって驚きました。

調べているうちに、私の混乱は大きくなってきました。そして「いるのはたまたまではない」ことは確信に変わっていきました。

実はどこにでもいる

7月の下旬から9月の上旬まで、時間を見つけてトラップを置いて、翌日回収するということを繰り返し、全部で44例を得ることができました。

この44例のうち、糞虫がいなかったのは7例にすぎません。わずか15・9％であり、いないほうがはるかに少なかったのです。44例のうち最多のトラップにはは36匹もいました。

孤立緑地でのトラップで採集された糞虫数の平均値は7・2匹で、玉川上水の8・6匹とあまり違いがありません。これはまったくもって思いがけない結果であり、そうであれば、私が想定したように「連続的な緑が残っているおかげで玉川上水に豊かな動植物が残っている」とは言えないことになります。

ところで、公園で糞虫を調べているときに感じていたことがあります。

私が「公園」としている市街地内の孤立緑地ですが、これにもいろいろあります。よくある、一辺20メートルほどで、中に砂場と滑り台くらいしかなく、木がほとんどないような貧弱な「緑地」もあれば、長さが100メートルもあってケヤキやコナラなどの木が立派に生えているような緑地もあります。

林があり下生えも豊富な緑地（左）と緑の貧弱な小緑地（右）

これでは動植物の生息条件は大きく違うはずです。それだけではありません。同じ規模の緑地でも、周りに大きな緑地があるかないかも影響していそうです。小平市周辺はわりあい緑が多く、畑や果樹園もあるし、神社や大きな農家の「屋敷林」にはなかなか立派なものもあります。そういうところにはタヌキだって生き延びている可能性が大きいし、植物が豊富にありますから、昆虫などの小動物も豊富です。飛翔力の大きい糞虫はそういう場所から飛んで来ることは十分ありますから、似たような緑地でも糞虫トラップの結果は違うことがありえます。

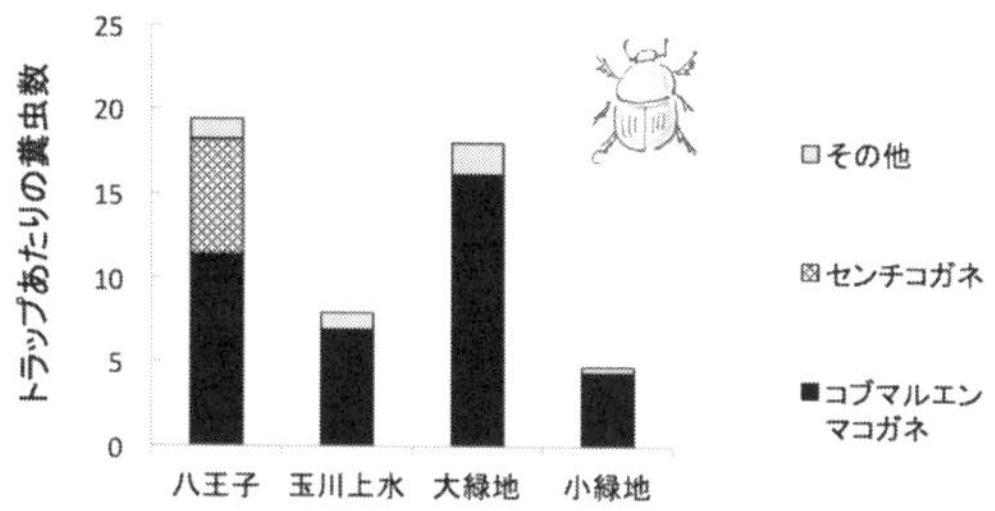

八王子、玉川上水、小平かいわいの大緑地と小緑地で捕獲された糞虫の数。縦軸は1糞トラップあたりの捕獲数

さらに、同じように広い公園でも、「手入れがよい」ために下草が生えていないと糞虫が採れないこともあれば、狭い公園でも「手入れが悪い」ために雑草が生えていて、糞虫が思いがけないほど採れたこともあります。

そこで、立派な林のある広い公園は別扱いにしてみました。するとその平均値は18・0匹でした。これは八王子の19・4匹に匹敵します。残りの「小緑地」33カ所の平均値は4・9匹で、さすがにこれは玉川上水よりも少ないということになりました。ゼロであった7例（21・2%）はすべてこの「小緑地」でした。

都市緑地の保全のヒント

私はこのことは保全生態学として重要な示唆を与えると思います。シカやイノシシ、あるいはサルは八王子や青梅にはいますが、東側の平坦地にはいません。地形的にも植生的にも「自然の豊富な山」と「人の住む平地」に分かれています。シカやイノシシのような大型の草食獣は人のいる平地にはすみにくいのです。彼らが集団で生きるには直径数キロくらいの森林が必要です。キツネは1970年代くらいまでは小平辺りにもいたようですが、今はいません。しかしタヌキは生き延びています。タヌキほど多くはないですが、ハクビシンもいます。こうした中型の食肉目が生活に必要なのは直径100メートル以上の林だと思われます。

玉川上水沿いでは学校の緑地や保存緑地などがタヌキなどの生息を可能にしていますが、緑地面積が狭くなって、となりの緑地までの距離が長くなると、すめなくなってしまいます。これに対して、昆虫などの小動物は直径

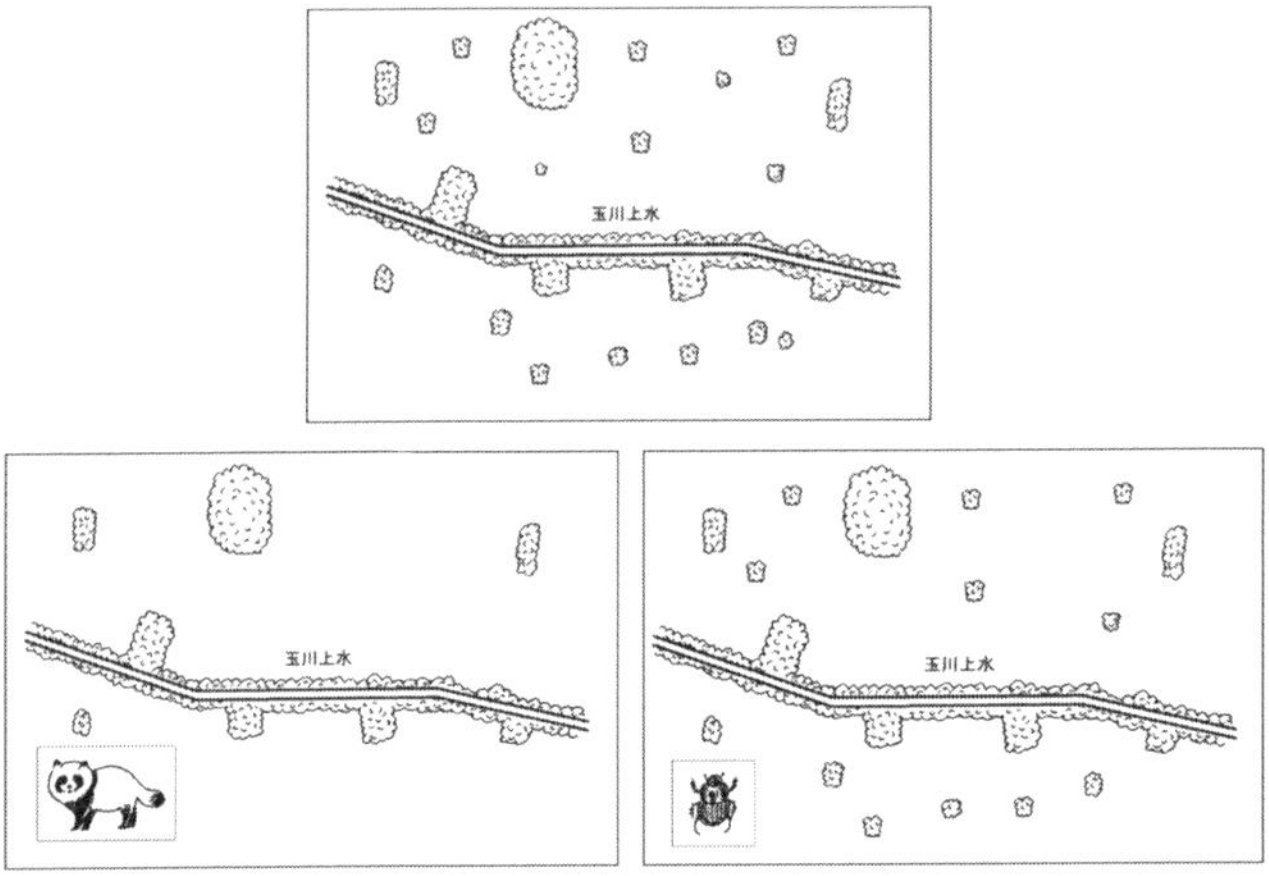

玉川上水と孤立緑地でのタヌキと糞虫の生存を表す概念図。上のように大小の緑地があっても、タヌキ（左）と糞虫（右）ですめる緑地の大きさに違いがある

10メートルほどの狭い緑地でも生き延びることができるようです。このような緑地サイズと生息可能な動物には対応関係があり、荒っぽくいえば、大きい動物ほど広い緑地が必要になります。そういう関係がわかってくれば、どういう自然を残すにはどのくらいの広さの緑地が必要であるかを考えることができます。

とりあえず木が生えていてベンチとツツジの植え込みでもあれば、人が一息つく憩いの空間になりますが、それだけでは動植物の生活空間としてはほとんど意味を持たないでしょう。でも、皇居や明治神宮に象徴されるように、大都会の中でもまとまった緑があって適切に管理されれば、驚くほど豊富な動植物が温存できます。

まとめ

さて、玉川上水の糞虫にもどりますが、得られた結果を総合的に考えると、次のようなストーリーが描けそうです。

江戸時代まで畑と雑木林がほぼ半々であった小平辺りの農地は、戦後徐々に開発されて雑木林が減り、その後畑も減って宅地に変わっていきました。このころまでは

牛馬も飼われていましたから、その糞を利用するセンチコガネなどもいた可能性が大きいと思われます。しかし昭和30年代くらい以降、雑木林は無用のものとなって大幅に減少し、ベッドタウン化も進んで市街地が増えました。家畜はいなくなり、糞虫にとってはすみづらい環境が増えてきました。そうした中で、細いながら緑の続く玉川上水は動植物の避難場所（レフュージ）となり、しばらくはキツネもいましたが、いまはタヌキとハクビシンくらいしかいなくなりました。ただしイヌの散歩もおこなわれてイヌの糞も供給されるので、肉食獣の糞を利用するコブマルエンマコガネは生き延びることができたようです。

玉川上水以外の不連続な緑地でも動物はいなくなっていきましたが、大きな林が残されていれば場合によってはタヌキも生き延びることもあり、糞虫も玉川上水並みか、場合によってはそれ以上生き延びているようです。しかしそれよりも小さい児童公園のような貧弱な「小緑地」では少数のコブマルエンマコガネがかろうじて生き延びているだけです。

私にとっては、子どものころの「あこがれ」であった糞虫が、東京の市街地に生き延びていたことは大きな驚きでした。初めのうちは懐疑的でしたが、データはコブマルエンマコガネがほんとうにどこにでもいること、カブトムシやクワガタはいうまでもなく、カナブンやマメコガネなどよりもふつうにいることを示していました。それにより、今では少なくとも小平周辺ではまちがいなく生き延びていると断言できます。おそらくもっと東の都心寄りでもそうでしょう。

私は戦後70年の激動の時代に猛烈な勢いで自然が失われている中で、目に見えた形で緑が減ったことを憂える人がいることを知っています。鳥好きの人が鳥が減ったことを悲しんでいるのも知っています。昆虫の好きな人がトンボやチョウやクワガタなどが減ったのを残念がるのも知っています。

しかし、こうしたいわば人気のある生きものではなく、誰も気にもとめない糞虫が、思いがけず小さな公園にもいたことがわかったことを私はうれしく思います。このことを知っているのは私だけです。自分が調査法を工夫し、44カ所もの場所を調べることでわかったのです。

ありました。

糞虫調査を振り返る

いずれにしても、私にとってこの糞虫観察はドキドキ、ワクワクの連続でした。なんといっても、市街地の、自動車がビュンビュン走るようなところに細々と残る緑地に糞虫がいるということそのものが驚きでした。そして、その主体はコブマルエンマコガネという山にいるのとは違うタイプの糞虫だということも興味深いものでした。そして、その働きがすごいものでした。たいへんな勢いで糞をほぐしてしまいます。そのことが簡単な飼育実験でみごとにわかりました。

私は平凡な人間ながら、ものごとに粘り強く取り組んで長く継続するほうなので、目にとめられないどころか、鼻つまみ物扱いされる糞虫が黙々と糞をほぐすのを見ると、「おい、がんばるね」と強い共感を感じました。そこには深い悦びがあります。

それと、野山を散歩しているだけでは気付かないことを、トラップを使うことで確認したり、飼育することで知らないことが明らかになることにもワクワク感がありました。さらに、そのことが東京でできるということや、ほとんどの人がそのことを知らないことのワクワク感も

第7章

植物と昆虫、果実を調べる

玉川上水の植生を調べる

細長いこと

玉川上水の特徴は「細く、長い」ところにあります。長いことは自然にとってよいことですが、細いことはよくないことです。具体的には玉川上水では幅がせいぜい10メートルほど林があり、その下に歩道があります。上下の流れる方向に対して直角に横切ると、歩道に生える植物、林の縁の植物、林の植物とガラガラと入れ替わります。私はこのことを示そうと思いました。選んだのはいつも観察会で集まる鷹の台駅の東側にある「野草保護観察ゾーン」です。

野草保護観察ゾーンとは

ここはもともと玉川上水を「保護」するために、コナラやイヌシデの木を育つだけ育たせる管理がおこなわれています。そのため、地面が暗くなり、野草がなくなって来たと感じた人たちが、東京都と小平市を説得して、この範囲だけでよいから上の木を伐って明るくし、もともとあった野草を戻そうという活動をしている場所です。

玉川上水は江戸時代に、江戸市民の飲料水を確保するために造成された運河、つまり「上水」です。上水であるからゴミはいうまでもなく、枯葉などが入ってはいけません。そのため上水の沿岸は伐採と刈り取りを繰り返し、大きな木や藪がないように管理されてきたのです。ところが、その後、玉川上水は上水の機能を終え、水も流されなくなり、「憩いのための緑地」になりました。

野草保護観察ゾーン。右側が玉川上水の木立で、左側は五日市街道

そして木は伐採することなく、育つままに放置されるようになりました。そうなると、コナラやイヌシデには好都合ですが、明るい場所に生える草本類には不利となりま

す。

　遺跡を保存するということは手をつけないことですから、木を伐ることは遺跡を保存することに反することです。それを「保護」観察ゾーンというのは皮肉ですが、植生遷移を考えれば当然のことです。植生管理には「群落をどの状態にするか」のビジョンが不可欠であり、ブナ林の保護には伐採はしてはなりませんが、ススキ群落を維持するには逆に刈り取りを繰り返すことが不可欠です。玉川上水の「野草保護観察ゾーン」はススキ群落に生える植物の復活を目指していますから、そのための管理は必要なことで、ここで「木を伐るのは自然破壊だ」という「自然保護」を持ち出すのはまちがっています。

　以上が玉川上水のもともとの植生と現状についての背景です。それをふまえた上で、「野草保護観察ゾーン」の植生調査をしました。

どう調べたか

　野草保護観察ゾーンを代表する場所に玉川上水と直交するようにベルトを想定し、巻尺を置いて、折尺で1メートル四方の方形区をとり、出現種の被度（植物が被う割合・%）と高さ（センチメートル）を記録しました。被度と高さの積をバイオマス指数として植物の量を表現しました。

　一番南側をプロット南1とし、上水まで南10までのプロットをとりました。北側では上水の崖の縁から柵内、歩道にそって北1から北9までのプロットをとりました。

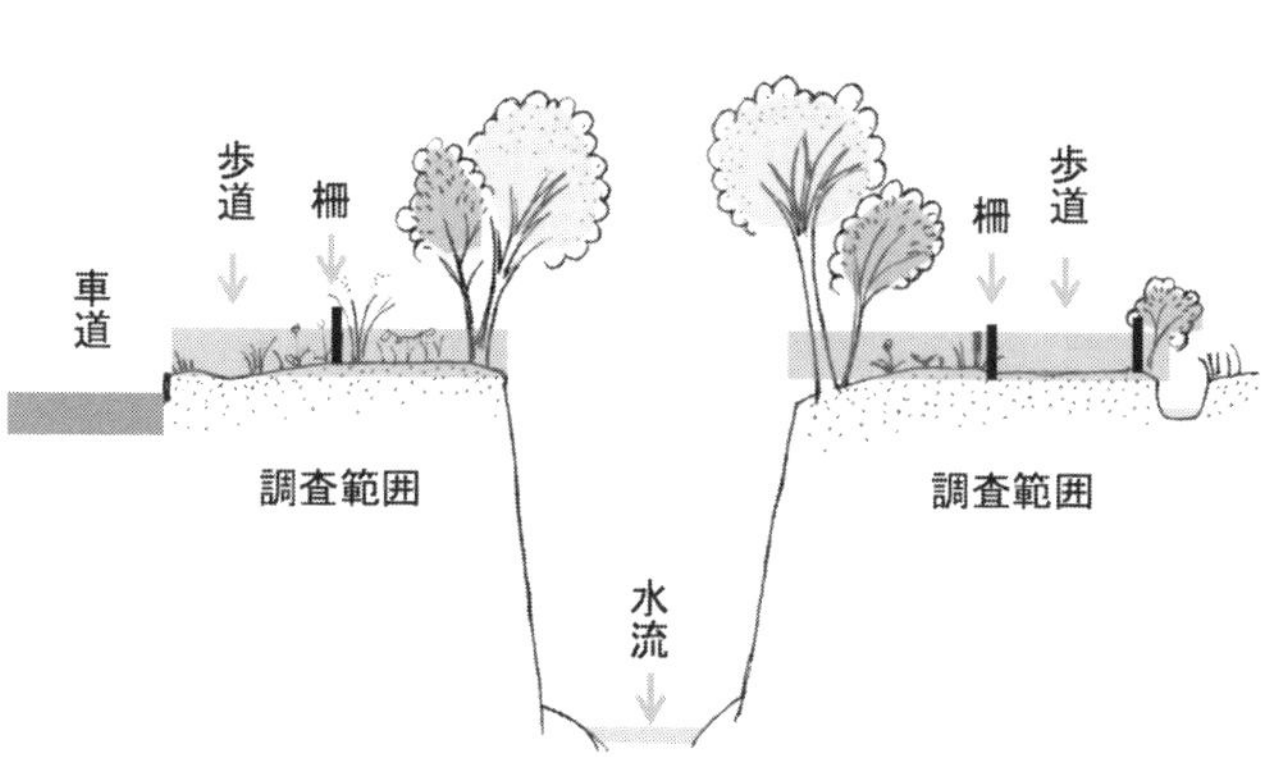

野草保護観察ゾーンの南北断面を示す概念図（左が南）

なにがわかったか

　玉川上水の南側では全部で27種が出現しました。道路

（左）プロット6．被っているのはノブドウ、（右）プロット3．ススキが非常に多い

に近い部分にはアキカラマツ、セイタカアワダチソウ、アキメヒシバ、エノコログサ、カゼクサなど、雑草的な植物が出現し、そこを離れるとほとんど出現しなくなりました。

それが玉川上水の柵を挟んで急に変化し、とくにススキが非常に大きなバイオマスを示しました。

それを過ぎると、つる植物が種類とも量ともに多くなりました。センニンソウやノブドウなどのつる植物がササなどを被うように生育していました。

プロット5辺りからは上層に木が出てきて、それより玉川上水側ではイネ科もつる植物も急に少なくなりました。

北側ベルト

上水の崖の縁ではナンテンハギとヤマカモジグサなどがありましたが、量は少ないものでした。

その北側にはヤマカモジグサのほか、場所によりベニシダ、ドクダミ、オニドコロなどがありましたが、いずれも量的には少ないものでした。そしてプロット5で柵に接し、その外側は遊歩道で植物はなくなりました。

北側にとったプロット

その外側にはウグイスカグラなどが少

量あり、最後は用水の縁でウツギやベニシダがやや多くなりましたが、全体としては南側よりはるかに少量でした。

出現種の傾向

この調査で調べたのは、幅1メートルのベルトの中なので、出現した植物を網羅的にはとらえていませんが、出現植物は南北でかなりの違いがありました。

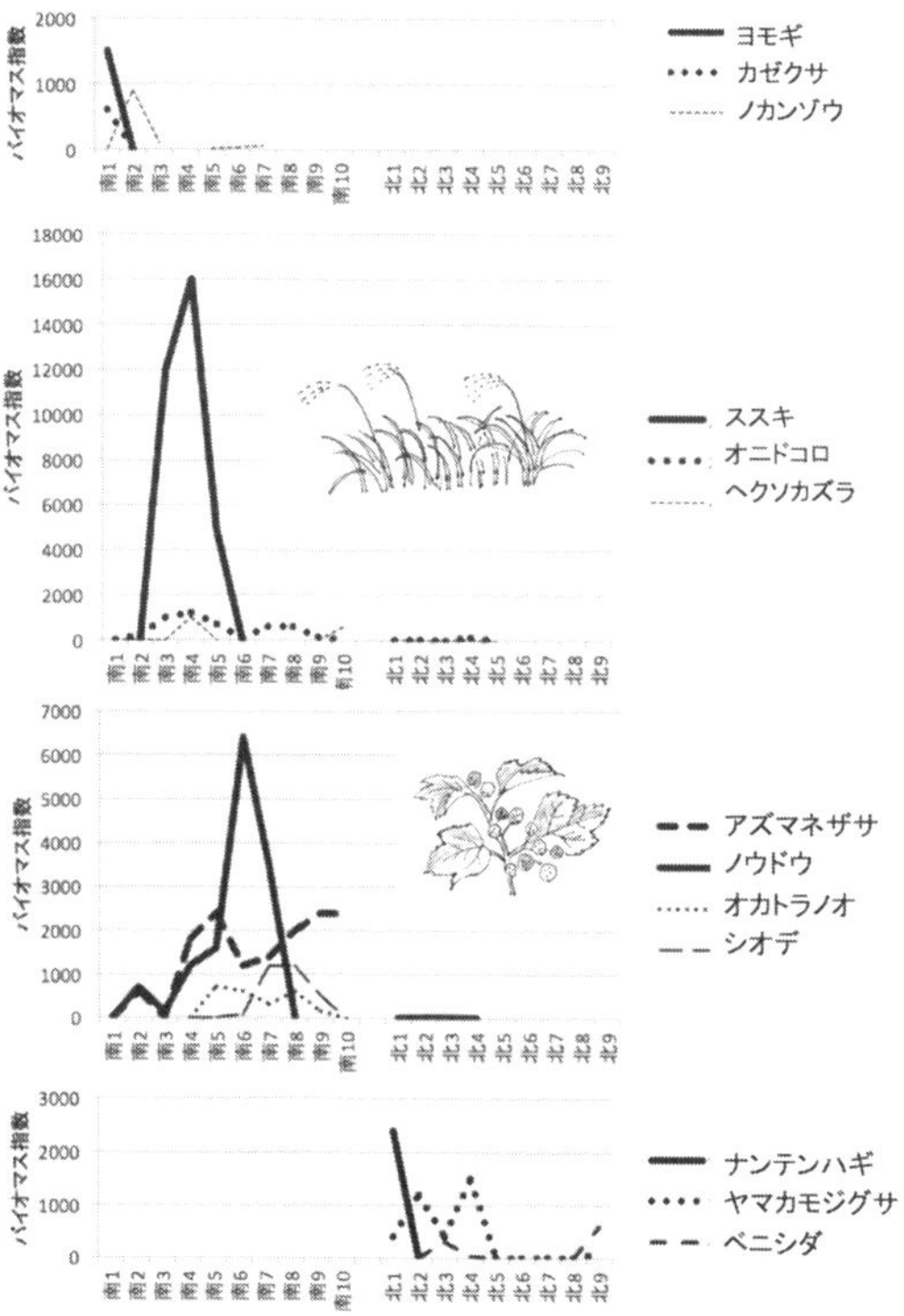

野草保護観察ゾーンの植生断面での主要植物のバイオマス指数の推移。縦軸は一定でないので注意

プロットあたりのバイオマス指数が500以上であった種をとりあげて、その出現パターンを見てみました。多かったヨモギ、カゼクサ、ノカンゾウは南側の道路沿いで、明るい場所を好む種で、カゼクサは踏みつけに強い種です。

その内側では植物量が非常に多くなり、なかでもススキは破格の値をとりました。ここにはほかにオニドコロ、ヘクソカズラなどのつる植物もたくさん生えていました。

その内側は柵の内側なので人が歩くことはありません。そして上水の木立とは距離があるので明るく、オカトラノオ、アズマネササなどの大型の草本やノブドウ、シオデなどのつる植物が元気に生えていました。

北側の木立の下にはナンテンハギ、ヤマカモジグサがあったほかは植物量は少ないものでした。

野草保護観察ゾーンの管理について

このようにデータをまとめてみると、玉川上水の断面の推移は非常に明瞭でした。野草保護観察ゾーンでは、上の木を除くという管理をしたおかげで、秋の七草のような草花が回復していました。これは管理の成果といえるでしょう。ただし同時にアズマネザサやつる植物も多くなります。とくにつる植物は49種のうち9種もあり、種数も量も多いのが目立ちました。これは玉川上水が、木もあり、かつ明るい部分があるために、つる植物の生育におあつらえ向きの条件を提供しているからだと思われます。もしこれらが「歓迎されない」のであれば、植生の管理にも工夫が必要となるでしょう。

かつての玉川上水の植生

このことを含めて、かつての玉川上水の植生はどういうものであったかが気になります。少し調べてみると、歴史資料によれば、江戸時代には草刈りをすることが命じられ、地元の農民には大きな負担になっていたようです（『小平市史、近世編』２０１２年）。そのため、サクラやマツはあっても、まばらで草原的な植生が多かったと思われます。

一方、小金井のサクラは有名ですが、小金井市教育委員会がまとめた『名勝小金井桜絵巻』には江戸時代の浮世絵や明治時代の写真などが豊富に収録されています。

明治初年に描かれたという「日本百景之内　小金井桜花之景」は、橋の上から見たのか、玉川上水の水が迫っ

「日本百景之内　小金井桜花之景」（小金井市教育委員会、『名勝小金井桜絵巻』1998 年）

新小金井橋から上流を望む（左）（1956 年）、小金井橋を望む（右）（明治時代）（いずれも小金井市教育委員会、『名勝小金井桜絵巻』1998 年）

てくるダイナミックなもので、両岸に茶屋があり、人々が酒宴でも開いているようすです。桜の下の草はよく刈られています。同様の浮世絵は江戸時代のものもあります。

　浮世絵の芸術性はすばらしいもので、当時の景観を推定するにも重要な資料ですが、なんといっても絵師の主観が投影されています。その点、明治時代になると写真が残されるようになるので、読み取れることが多く、正確になります。明治時代の小金井橋の様子を撮影した写真があります。

　また、近いところでは１９５６年の新小金井橋の写真があります。

　これらに共通しているのは玉川上水沿いにある木はサクラだけで、下草はよく管理されているということです。これは現在の玉川上水沿いの植生が、コナラやイヌシデなどの雑木が密生しているのと大きく違います。

　このことを裏付け、さらに興味を引く情報もありました。『用水路 昔語り』に、大正あるいは昭和の初め生まれの人がこう語っています。

「（玉川上水にあったのは）サクラだけだった。……秋になれば土手の草皆で刈って、サクラの木だけが残るように、あとは間引いたんだ。それが本来の玉川上水の両脇だったんだよ。今のは自然に生えた木残しちゃってるでしょ」

「その時分は玉川上水の土手には木はなかったね、サクラだけ」

（こだいら水と緑の会「用水路 昔語り」２０１６年）

こうした古老の話からわかるのは、浮世絵や写真を裏付けるように、玉川上水は昭和も30年くらいまでは、サクラの木がポツポツあるだけで、下草は刈り取られていたということです。古老の話では、毎年秋になると草刈りをしていたということです。ただし、小金井のサクラ並木が特殊だと思われるのは、下草が芝生のように丈が低いことで、小平辺りではススキ群落が広がっており、茅葺《かやぶ》きの屋根が葺《ふ》けるほどだったということです。ということは、人の背丈を超えるようなススキ原があったはずです。

「私たちは毎年刈ってきれいにしてた。茅（ススキ）は相当生えてたから、利用させてもらって草屋根にしてたんだよ」

「……昭和12年頃かな、家が草葺の屋根でね、それを葺き替えたのよ。水道局にお願いして、玉川上水の土手いっぱいに生えてたから、武蔵境の辺りから上水本町までの間の茅を刈って来て、2年くらいためて葺いたのよ。束にしてね」

（こだいら水と緑の会「用水路 昔語り」２０１６年）

ススキ群落があれば、草原的な植物が多くなります。188ページのコラムに書いたとおり、秋の七草はススキ群落の植物ですから、刈り取りが行われれば、当然、秋の七草も生えてきます。

「用水路 昔語り」中に野草のことを書いたものもあります。「草なんかはどうでした?」という問いかけに、

「（たくさんあったのは）オミナエシ、ここいらは養蚕の関係で9月1日がお盆だからね。あとワレモコウ、ヤマユリ、マンジュシャゲ、カンゾウってとこかな。アカネもあったね。」

（こだいら水と緑の会、「用水路昔語り」２０１６年）

とあります。今ではオミナエシはごく少なくなっていますが、かつてはたくさん生えていたようです。それが玉川上水が「守られる」ようになると、林が増え、草原的な植物は減っていったということのようです。

この点、昔の玉川上水を知っている人は植生を「守る」

ことは本来の玉川上水の植生を守ることにならないことを正しく認識していることがわかります。それは次のことばからはっきりと読み取れます。

「木が大きくなって二百数十年来のサツキ*が枯れてしまった。ケヤキが原因。雑木は根元から切らなくっちゃならない。……農家は木を切って燃料に使った。3年に1回くらい切った。……橋の上にたつと橋の向こうまでよく見えたもの。今、見えますか。見えないでしょ」

「樹を守るとか雑木林を守るとかいうのはね、樹を切らないといけないんですよ、間引かないと。この辺の雑木林は二次林っていって切らなきゃならない。自然のものとは違うから手入れしなきゃいけない。雑木もクヌギも3年くらいしたら切らなきゃならない。切って、その株から芽が出てくる。」

（こだいら水と緑の会、「用水路 昔語り」2016年）

*サツキはツツジの1種で、低木だから、上を木が被うと消滅してしまう。

《コラム》 秋の七草

秋の七草を確認しておくと、オミナエシ、ススキ、キキョウ、ナデシコ（カワラナデシコ）、ハギ、フジバカマ、そしてクズです。このうちフジバカマは奈良時代に大陸から持ち込まれたもので、分布は関西以西ですから、関東にはありません。

クズ　キキョウ　オミナエシ

ススキ　ハギ（ヤマハギ）　ナデシコ（カワラナデシコ）

玉川上水で確認した秋の七草のうち６種

玉川上水の小平にある「野草保護観察ゾーン」には秋の七草のうち5種があり、もう少し上流でナデシコ（カワラナデシコ）も見つかりました。つまり、玉川上水には6種がすべてあるのです。

さて、秋の七草は奈良時代の奈良で選ばれました。奈良公園はいま芝生にシカがいて、奥山に春日山の森があります。この芝生がある飛火野《とぶひの》は、もともとはススキ群落だったようです。万葉集にうたわれた飛火野はススキ、ハギ、ワラビなどが多いようで、これは明らかにススキ群落の植物です。

奈良にはもともとうっそうとした林があったはずです。にもかかわらず、ススキ群落があったのは、奈良と若狭を狼煙《のろし》で情報伝達するためだったのです。当時、文明は日本海から来ました。日本海側が「表」日本だったのです。その情報を都である奈良に迅速に伝えるためには、狼煙が一番です。そのために、ポイント、ポイントに見通しのよい場所を確保し、それをつなぐ必要があり、森林を伐採したのです。そして、毎年刈り取りや火入れをしました。

さて当時の貴族が美しいと感じた草を7種選んだのですが、その選び方を考えてみたいと思います。オミナエシは美しい黄色と繊細な感じの花序があり、文句なしでしょう。ススキはイネ科でいわゆる華やかな花である虫媒花ではありませんが、その美しさもまた文句なしです。キキョウとナデシコは紫色とピンクがきれいなのでいかにも貴族が好みそうで納得です。ハギは大きな株になって花の数も多いので、ススキ群落ではひときわ目立ったはずで、これも納得です。しかしフジバカマは大味であまりきれいとも思えないので、先進国である中国からきたという価値観が大きく働いたのではないでしょうか。またクズは私なら選びません。つるは迷惑なほどはびこるし、葉も巨大なほど大きく、「かわいげがない」感じです。なので、これが選ばれたのはちょっとクエスチョンです。

逆になぜ選ばれなかったのだろうという草もあります。たとえばワレモコウ。大型でエビ茶色のボールのような個性的な花で、ススキ群落には必ずあり、ススキとの相性もぴったりだと思えます。それからノコンギクやシラヤマギクなどの野菊も十分な条件を備えています。文字通り秋に咲くし、きれいだし、よくあるので、選ばれるべき花といえます。

それから、玉川上水の秋に目立つものとしてセンニンソウがあります。これはつる植物で、純白のきれいな花を咲かせ、玉川上水では柵によく絡まっています。

そういうことを考えると、私は玉川上水の秋の七草を選びなおしたら楽しいと思います。

ワレモコウ（左）、ノコンギク（中）、センニンソウ（右）

野草保護観察ゾーンでの訪花昆虫の調査

虫媒花

9月の観察会では「野草保護観察ゾーン」で訪花《ほうか》昆虫の調査をしてもらうことにしました。

「訪花昆虫」というのは文字通り花を訪れる昆虫で、花の蜜を吸いに花を訪れ、体に花粉をつけて別の花に行って受粉をする昆虫のことです。英語で花粉のことをポーレン pollen といい、受粉することを「ポリネーション」、受粉する昆虫をポリネーターと言い、訪花昆虫は「ポリネーター」と言います。こうして昆虫に花粉を受け渡ししてもらう花を虫媒花《ちゅうばいか》といいます。

「昆虫に仲人《なこうど》(媒酌人)をしてもらう花」という意味です。同じように、風で受粉するのが「風媒花《ふうばいか》」で、ヨモギなどのキク科やイネ科に多く、スギやハンノキなどの木の花にもたくさんあります。そう考えると、ごく当たり前のことに思い当たります。花がきれいなのは昆虫を惹きつけるためなのだと。しかしその言い方は十分ではありません。きれいというより華やかあるいはカラフルというべきでしょう。というのはイネ科の花などじつに「美しい」からです。色やデコレーションが豊富という意味の華麗さはありませんが、洗練された機能美という意味ではイネ科の花はじつに「美しい」ものです。ススキの穂に夕日が当たるのを見ればイネ科の花の美しさに打たれない人はいません。

虫媒花にもどれば、華やかな美しさの花は人が愛でますが、花からすれば人が眺めることになんの意味もありません。花は受粉を目的に昆虫を惹きつけるための宣伝効果を狙ったものなのです。スギや、イネ科、ヨモギなどの花が地味なのはその必要がないからです。宣伝効果を狙うにはどうあるべきか。そのありとあらゆる工夫が虫媒花に集約されています。

「紅一点」というのは緑の中に補色である赤があれば目立つことをいいますが、虫媒花は赤だけでなく、黄色、紫、青と目立つ色です。正確にはヒトの目にも目立ちますが、花にとっては昆虫に目立たなければ意味がありません。花の中に違う色の点々があれば、「この奥に美味しい蜜がありますよ」というシグナルなのです。

ノイバラというバラの原種に近い野生のバラがありますが、この花は白で、白も緑の中でよく目立つ色です。

花びらは5枚が皿のような形をしています。その中心部に蜜がありますから、よくハエなどが来ています（口絵、図2）。

これに対してツリフネソウという花があります。「船を吊り下げたような花」という意味ですが、細長い筒状の花が細い柄でぶらさがっているので、風が吹けばゆらゆらと揺れます。この花の作りは複雑で、全体は濃いピンク色ですが、筒の部分は白く、そこに濃い紅色の点々があり、左右にはオレンジ色の模様があります。筒部は奥で急に細くなり、一番奥の部分でくるりと一回転します。これを距《きょ》といいます。花の蜜はその中にありますから、短い棍棒状の吻《ふん》（口のこと）を持つハエ・アブは花の中に入っても蜜にはありつけません。チョウは細長いストローのような吻を持っていますが、ツリフネソウの花の奥まで届く吻を持つものはいないでしょう。では誰が入るかといえば、マルハナバチの仲間です。ツリフネソウの花筒はちょうどマルハナバチの胴体の大きさです。ハチは中に入って奥に進みます。そして思いがけないほど長く伸びる吻を伸ばして奥にある蜜を吸います。ツリフネソウの雄しべは入り口の上の部分にあり、その先端がもぐり込むマルハナバチの背中に花粉をつけます。こうしてツリフネソウはもっぱらマルハナバチを惹きつけて確実に受粉させるのです。

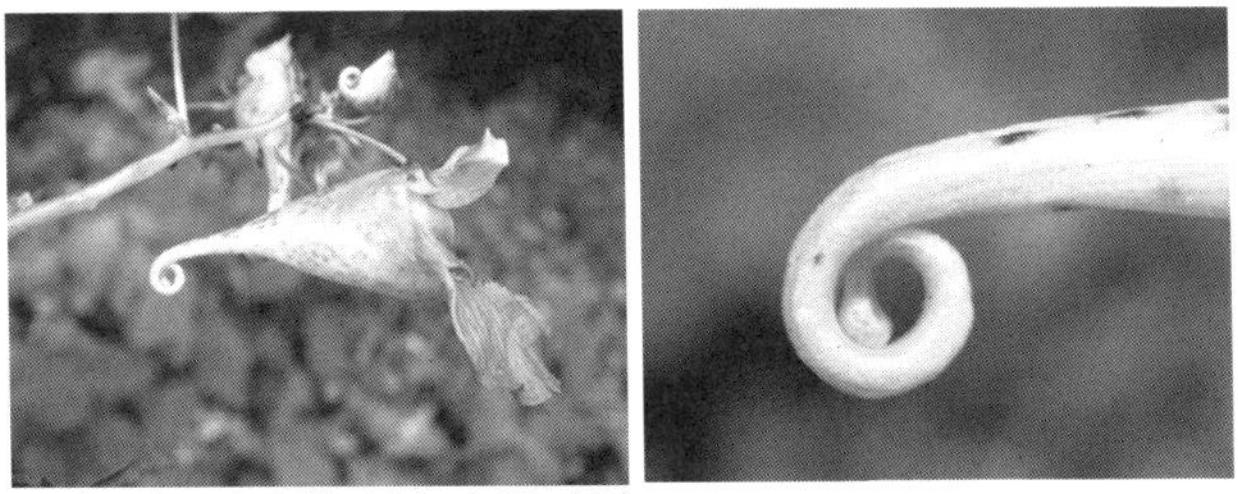
ツリフネソウの花（左）と距（右）

このように花の形が違えば来訪する訪花昆虫が違います。ですから、多様な花があれば、それを利用する昆虫も多様になり、そこに複雑な動植物のつながりが形成されることになります。では市街地を流れる玉川上水にはどういう虫媒花と訪花昆虫のつながり（リンク）があるのでしょうか。これを明らかにすることをこの調査の目的としました。

記録をしてもらう

この日は十数人の人に訪花昆虫の記録をしてもらうこ

とにしていたので、どの花の前に立ってもらうかを決めました。咲いていた花で一番多かったのはシラヤマギクで、ほかにアキカラマツ、センニンソウなども咲いていました。

記録のしかたを説明する

私は記録のしかたを説明しました。まず、記録する花を決め、観察対象とした花はシラヤマギク、オミナエシ、キンミズヒキ、ツルフジバカマ、カリガネソウ、アキノタムラソウ、ツルボとしました（口絵、図9参照）。観察する花に昆虫が来たら時刻と昆虫の名前を記録してもらいました。昆虫の名前はむずかしいので、図の8群としました。

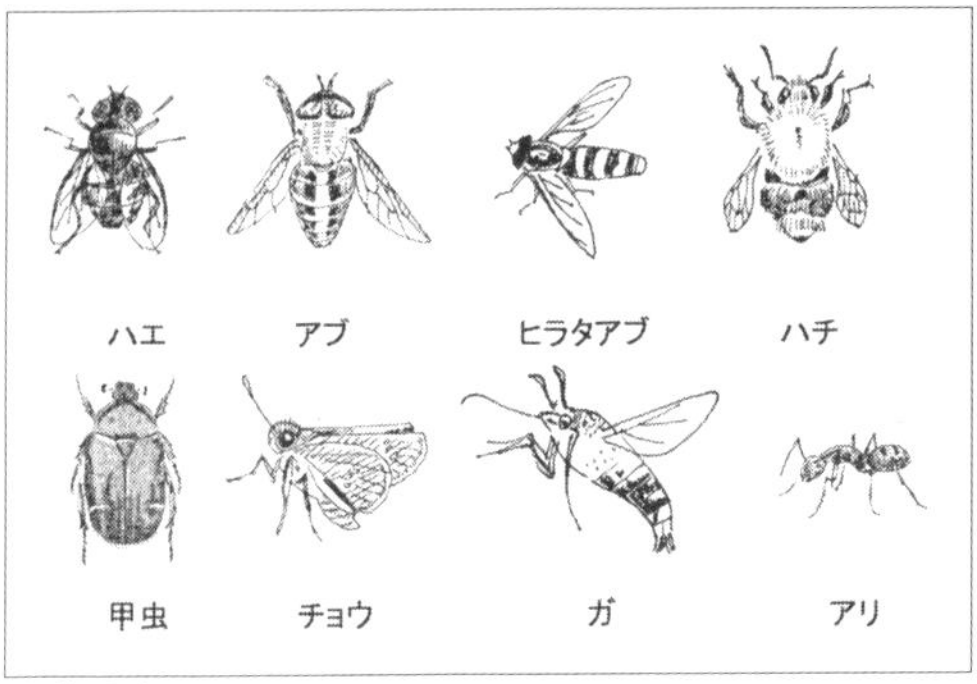

訪花昆虫

記録は10分間とし、次の記録をとってもらいました。

わかったこと

こうして全体として47回分のデータがとれました。それをもとに表を作り、グラフを描いてみたら、次のようなことがわかりました。

10分あたりの訪花昆虫数をみると、オミナエシが最も多く、シラヤマギク、ツルボがこれに次ぎ、カリガネソウは非常に少ないという結果になりました。

以下には各種の花に来た昆虫についての結果を記述します。それぞれの花に来た訪花昆虫の回数をチャート図で示しました。

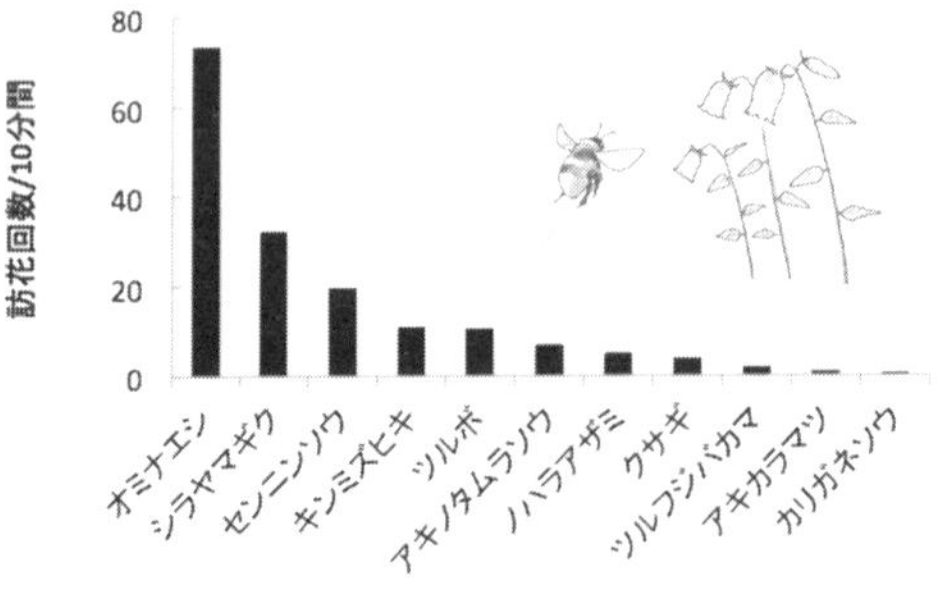

訪花昆虫数（10分あたりの平均値）

初めに皿型の5種です。アキカラマツへの訪花昆虫は少なかったものの、多くの虫媒花が特定の昆虫群に偏ることが多かったのに対して、ハチ、甲虫、その他の昆虫などさまざまな訪花昆虫が来ていました。甲虫はアオハナムグリで吸蜜ではなく、花粉を食べているようでした。

オミナエシへの訪花昆虫数はほかの花に比べて飛び抜けて多く、毎秒1匹以上の訪花昆虫が訪問していたことになります。来訪したのは小型のハチが多かったのですが、ハエ・アブも来ていました。

キンミズヒキに来たのは大半がハエで、チョウも少し来ました。

ツルボは草丈が低く、草本群落の縁に咲いていました。訪花昆虫の大半は小さなハチでしたが、観察時間以外ではヤマトシジミなどのチョウやハエや甲虫（ハムシ科）も観察されました。

センニンソウも訪花昆虫が多く、そのほとんどはハエでした。

以上の結果は皿型の花にはキンミズヒキやセンニンソウのようにハエ・アブがよく来るものだけでなく、オミナエシやツルボのようにハチがよく来るもの、アキカラマツのようにいろいろな昆虫が来るものもあることを示していました。

次に筒型の花6種は次の通りでした。カリガネソウは観察時間中まったく訪花昆虫が来ないセッションがありましたが、クマバチが訪問すると、短時間につぎつぎと近くにある花を訪問しました。9月17日にはチョウ（キ

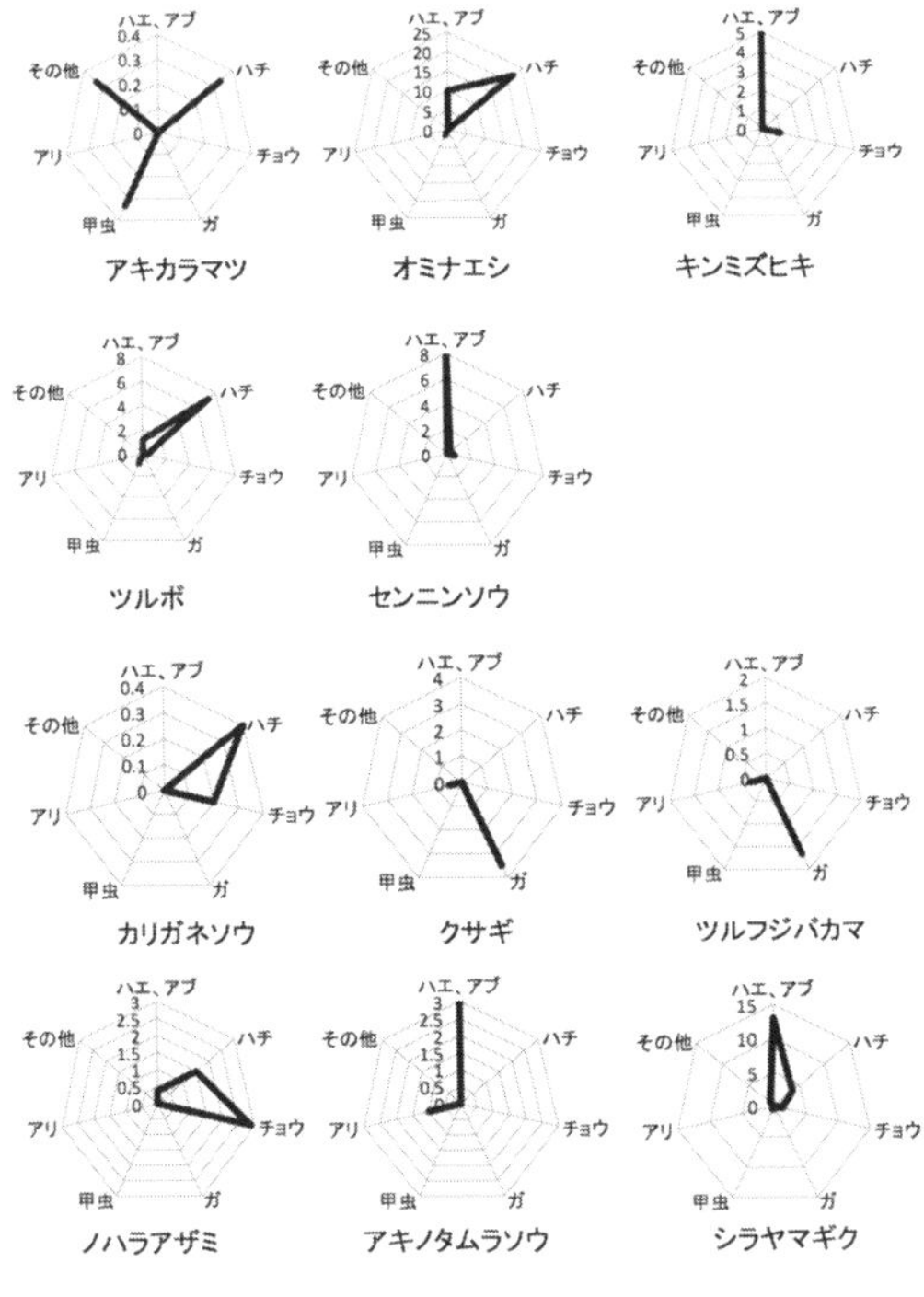

それぞれの花に来た訪花昆虫の回数を示す図

カリガネソウにやってきたクマバチ

タキチョウ）が来訪したのを観察しました。

クサギは観察した唯一の木本でした。花期は過ぎていましたが、観察時間の一部でガ（オオスカシバ）が現れ、くりかえし吸蜜していました。同じ日ではありませんが、8月下旬に同じ木をアゲハチョウやクロアゲハが訪問しているのを観察しました。

ツルフジバカマへの訪花昆虫は少なく、ガが来訪したほか、アリが見られました。

ノハラアザミは花期を過ぎ、綿毛状の果実が風に飛んでいるものを多く見かけました。セセリチョウがよく訪問しており、ハチも見られました。

アキノタムラソウはススキの葉陰に目立たない状態で咲いていました。訪花昆虫はほとんどがハエで、アリも来訪しました。

シラヤマギクも訪花昆虫が多く、平均すると3秒に一度の訪問を受けていました。最も多かったのはハエで、少ないながらハチ、チョウも訪問しました。

このように、筒型の花にはハチやガ、チョウが来るものが多く、例外はアキノタムラソウとシラヤマギクでした。

ノハラアザミとシラヤマギク

ここで、同じキク科であるノハラアザミとシラヤマギクの比較をしてみます。これらの 花は「頭状花《とうじょうか》」と呼ばれ、ツボ状の総苞《そうほう》の中に筒状の花がたくさん集まっています。ノハラアザミの場合は筒状花《つつじょうか》の先端に縦に伸びる花びらがあり、その中から雄しべ、または雌しべが飛び出しています。筒の部分の上部は長さ5ミリメートルほどでやや広く、下部は狭くなっており、長さは10ミリメートルほどあります。

これに対してシラヤマギクの場合、頭状花の縁の部分に白い舌のような花弁（舌状花《ぜつじょうか》）があります。コスモスやマーガレットなども舌状花を持っています。シラヤマギクの舌状花の花弁は2ミリメートル程度と短く、筒の上部は2ミリメートルほどの長さで、下部もアザミよりはよほど短く、3ミリメートルほどしかありません。

私は蜜が筒のどの部分にあるのかを知りませんが、シラヤマギクのほうが浅いことはまちがいないはずで、もしノハラアザミの筒の一番下にあるのだったらハエは利用できそうもありません。シラヤマギクであればなんとかなりそうです。太い部分の基部であってもむずかしそうです。

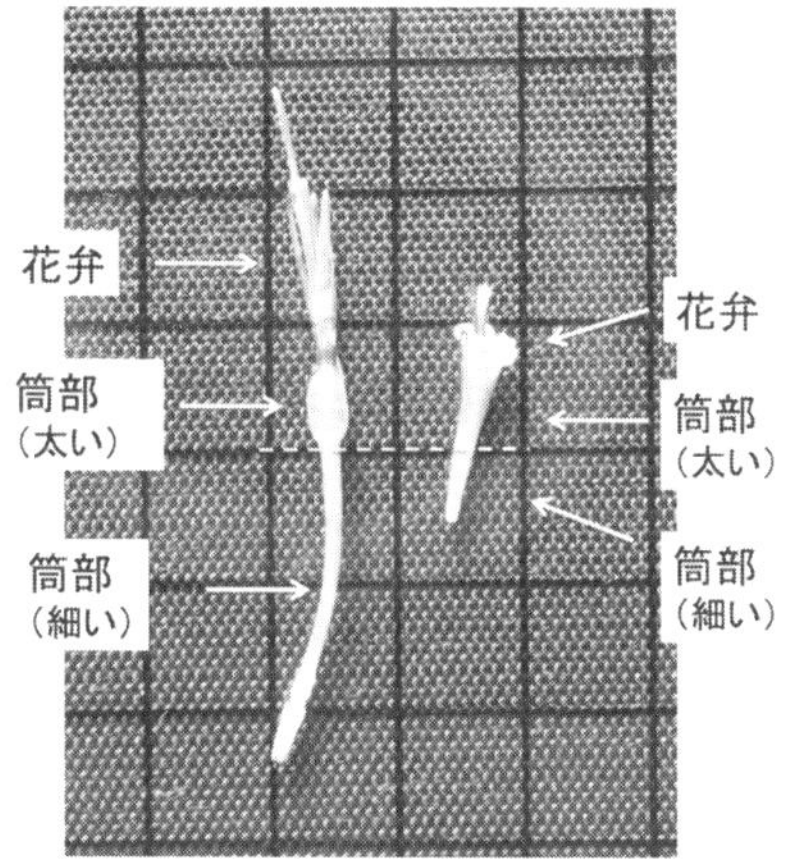

ノハラアザミ（左）とシラヤマギク（右）の筒状花。格子の間隔は５ミリメートル

ノハラアザミに来たセセリチョウの写真を見ると、確かに長いストローのような吻を伸ばして吸蜜しています。こうした花の構造と昆虫の吸蜜についてもっとつっこんだ調査をする必要がありま す。

ノハラアザミを吸蜜するセセリチョウの仲間

筒型の花はほぼチョウやハチのような吻の長い昆虫だけに利用されていました。例外がシラヤマギクですが、この花は花筒が短いために吻の長い昆虫専門 になっていないということのようです。
こうして、同じ筒型でも筒の短いものは別の扱いをしたほうがよさそうだということがわかりました。そこで花を皿形と筒型、それに筒型のうち筒の短いものは分けてとりだし、訪花昆虫のほうは「なめるタイプ」（おもにハエ・アブ）と「吸うタイプ」（おもにチョウとハチ）、それにどちらともつかない甲虫を別扱いにし、それぞれの組み合わせの訪花回数を合計しました。それをグラフにしてみると、なめるタイプは確かに皿形に多く、短い筒型、筒型になるにつれて大きく減少しました。これに対して吸うタイプは筒型で多かったものの、皿形でもさほど少なくはありませんでした。甲虫は訪花回数が少ないので検討から除きました。

この結果は無理なく理解できます。なめるタイプは皿形でなければうまく吸蜜ができないので、皿形に集中します。これに対して、吸うタイプは筒型でも吸蜜できますが、皿形でできないということはないから、どの花でも大きな違いがないということです。

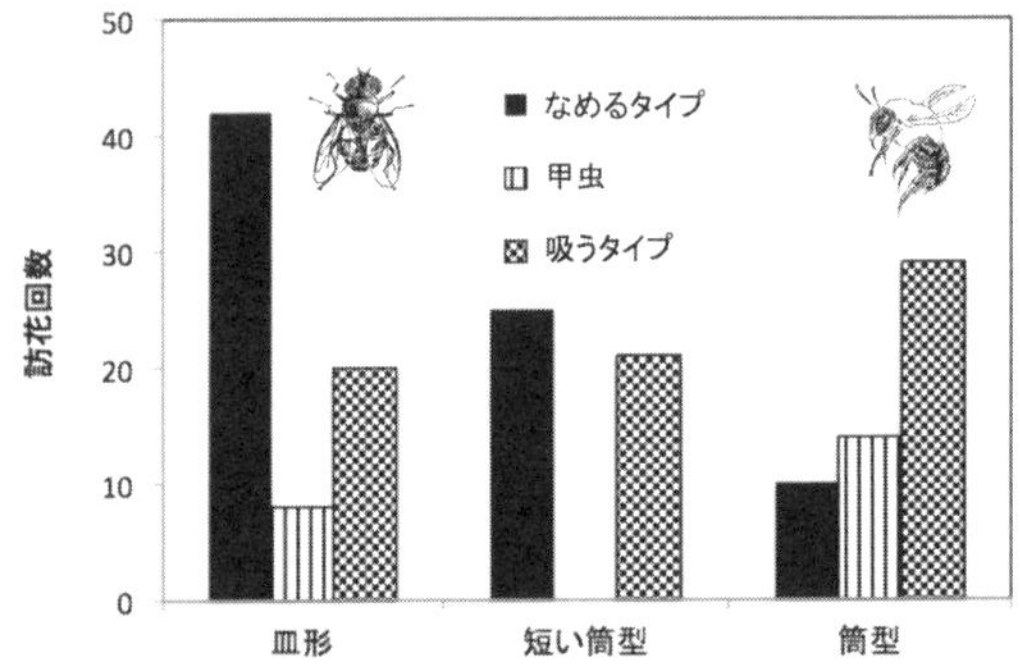

３つの花のタイプと３つの昆虫のタイプの訪花回数。合計数は 169。

この整理によってうかがわれることは、これまで漠然と「さまざまな花にさまざまな昆虫が来る」としか見ていなかったものが、花の形に着目すると、皿形の花はハチなどだけでなく、ハエやアブも利用できるが、筒型の花には基本的にチョウやハチしか来ないという違いがあることがわかったということです。つまり、昆虫を利用する花が構造を変えることによって訪問者を広く集めたり、制限を加えたりしているということです。

花と昆虫の対応

データを整理して、左側に花を、右側に昆虫群を並べて、そのつながりの程度を線で結んでみました。皿状の花を上半分に、筒状の花を下半分に配置しました。太い線ほど訪花頻度が高かったことを示します。

これを見ると、全体に太い線が上にあることがわかります。つまり皿状の花がハエ・アブ、ハチに頻繁に訪問される傾向があるということです。皿状の花で訪花頻度が低かったのは アキカラマツとキンミズヒキでしたが、その理由はよくわかりません。そしてその花は2群または3群の昆虫の訪問を受けていました。

シラヤマギクは筒状ですが、すでに述べたように花筒部が浅いのでハエ・アブでも訪問できます。これを除くと筒状の花は2群の昆虫群に低頻度で訪問されていました。この図では表現されていませんが、これらの多くは量的には多くないので、観察者がその花の前で待っていても、たまに特殊な昆虫が来て集中的に吸蜜しては、また飛び去るという印象でした。この中でノハラアザミだけは植物体も大きく、群落を作っていて、花がまとまってあり、訪花頻度は低いのですが、群落面積が広いので、かなりの数の昆虫が訪問していました。

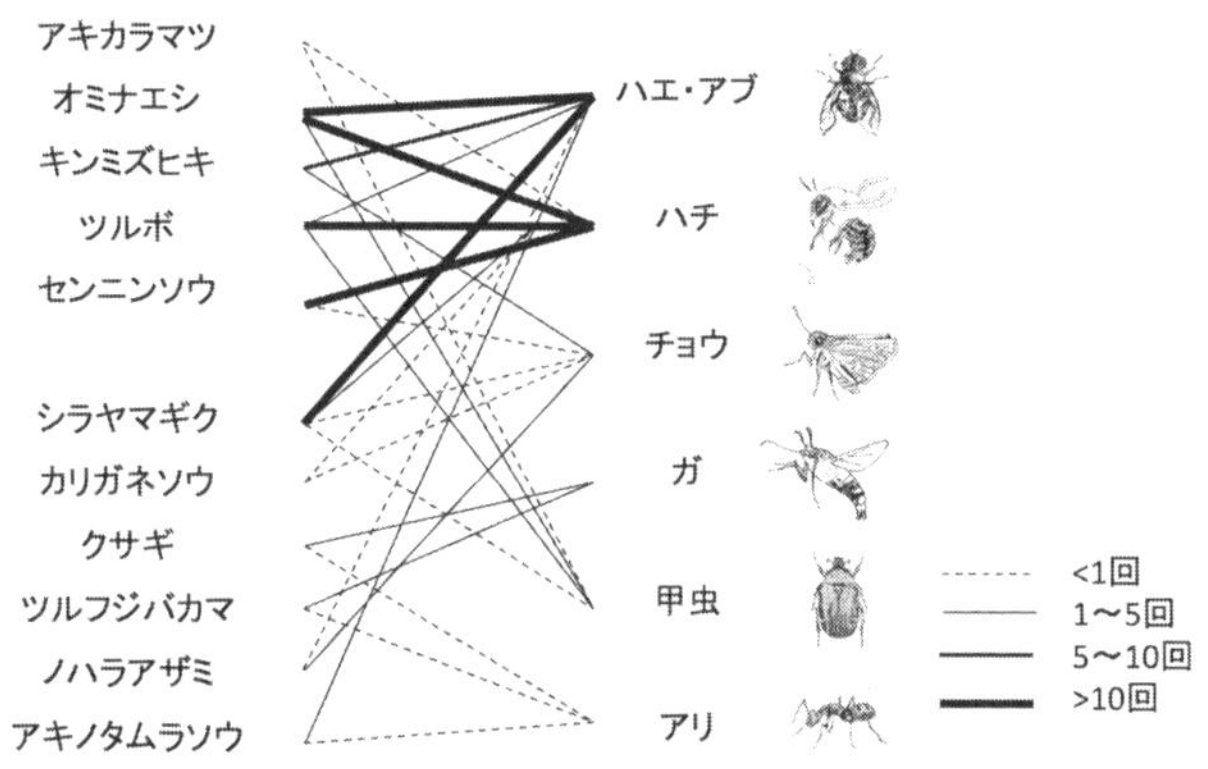

9月の玉川上水で観察された虫媒花と訪花昆虫のつながりのネットワーク。線が太いほど訪問頻度が高い。

まとめ

まとめてみましょう。秋の日の野草保護観察ゾーンに、文字通りいろいろな野草の咲く草原にはブンブンと羽音を立てて、あるいは音もなく、昆虫が花を訪問していました。この季節にはハエ・アブが多く、彼らは棍棒状の吻で蜜を舐めるので、蜜が舐められるオミナエシやセンニンソウ、ツルボなど皿形の花によく来ていました。シラヤマギクがたくさんありましたが、この花は皿形ではなく筒型なのですが、花の筒が浅いのでハエ・アブもたくさん来ていました。ほかの筒型の花はところどころにしかなく、ハエ・アブはほとんど来ませんでした。例えばカリガネソウ、クサギ、ツルフジバカマなどには、ときどきあまり見ないクマバチやオオスカシバ、ガの一種などが来て集中的に吸蜜しては飛び去りました。花も昆虫もさまざまですが、その関係は無秩序なのではなく、花の形に応じて訪問する昆虫に違いがあることがわかりました。

こうして、私たちはもうひとつの自然の話を聴くことができました。

この調査の意義について

訪花昆虫の観察によって、興味深い結果が得られました。それはよくある、散歩しながら花の名前を確認するだけの観察会とは明らかに違うものです。普段は美術を学ぶ学生や、悠々自適の年配者が、日常的にはしたことのないこうした体験をすることで、これまで何気なくながめていた草花に昆虫が来ること、その来かたが、花の形によって違うことなどを知れば、今後はそれまでと違う気持ちで草花を見るようになると思います。この観察はその契機になると思いました。

私たちが観察した場所はすぐ脇を五日市街道が走っており、車がひっきりなしにに 往来しています。そのような場所にたくさんの野草があり、それに多数の昆虫が来訪している。そのこと自体の意味は、都市における自然保護や、自然観察についても改めて考えることがあることを示唆しているように思います。

果実が狙うもの

果実を採集する

12月11日の観察会が解散になってから、一部の人は武蔵野美大に行って果実の計測をしました。

採集してきた果実は20種ありました。これに、数日前に野草観察ゾーンで確保しておいたサネカズラを加えて21種ということになります。

「あれだけの短い範囲に、こんなにあったんだね」

「びっくりですよね」

「ジャノヒゲなんか、あるって知っていないとまず見つからないからね」

「そうだよね」

「あのね、これを机に並べるから」

果実を計測する

といって袋ごとに机に並べました。いろいろな色があって楽しげな感じになりました（口絵、図10）。

黒板に説明を書きました。

「計測する内容は果実の直径、それから果実の中にある種子を取り出して、その数と長径、短径を測定します」

そうして作業を始めてもらいました。

「え、こんなにいっぱいタネが入っていたんだ」

と言う人がいるかと思えば、

「大きいのが1個だけだ」

と言う人もいます。リーさんは

「なんだかいくら果肉をとってもタネが出てこないんですけど……」

というので行ってみたら、種子を割っていました。

「ヤブランですね、これが種子で、果肉はないんです」

「ええ？　わたし、これが果肉だと思ってた。だってけっこう柔らかいですよ」

「はい、でもそれが種子。あ、この色きれいだね！」

ティッシュペーパーの上で処理をしていたので、果皮に含まれていた汁が出て、濃い紫色になっています。私たちの目には黒に見えるヤブランの果実はほとんど黒に近い紫色をしているようです。ほかにもイヌツゲやネズミモチの計測をした人のティッシュもきれいな濃紺や濃紫色に染まっていました。

「いろいろな果実が集まりましたが、一番大きいのはシロダモ、小さいのはムラサキシキブかな。シロダモは1センチほどありそうだけど、ムラサキシキブは3ミリくらいですかね。3、4倍の違いはありそうですが、でも大きいのから小さいのにならべたら、こんな感じで下がっていくはずです」

と言って黒板になだらかなカーブを描きました。

「でも、種子だと、たとえばヤブランはさっき見たように、果肉はないから果実と種子がほぼ同じくらいありますが、ヒサカキだと1ミリもないくらい小さいです。そうすると最大と最小の違いは10倍以上もある。つまり果実よりも違いの幅がはるかに大きいということです。これはどういうことだと思いますか？」

「……」

動物に食べてもらう

「ヤブランはユリ科だから単子葉植物です。ヒヨドリジョウゴはナス科の双子葉草本、ノイバラやカマツカはバラ科の木本、もちろん双子葉植物です。だから花もいろいろ——ということは種子を作る子房の形や大きさもさまざまなはずです。だから種子の大きさや数がまちまちなわけです。にもかかわらず、果実の大きさがあまり違わないということは……」

「鳥に食べてもらうため」

「そういうことでしょう。鳥に食べさせるというべきかもしれません」

「そうなんだ」

「進化の中で、もしかしたら緑色でデコボコの直径3センチくらいの果実があったとします。その中に少し黄味がかったのが現れたとします。そうするとそれは緑色ものよりも鳥がよく見つけて運んでいって種子を落とす。そういうタイプのが生き延びるでしょう。その中に橙色のが生まれればさらにそうなり、3センチではなく2センチのが生まれたら鳥はもっとよく食べて、もっとよく種子を広げるでしょう。そういう進化が起きて、赤くて5ミリくらいのが一番多く生き延び、散布されるということになれば、まったく違うグループの植物から似たような大きさで、赤系で、球形の果実が生まれてくるはずで、現実にそうなっているわけです。

ただ、おもしろいことに実際には赤系よりも黒系のほうが多いという結果でした。じつは鳥の見える世界はわれわれとは違うらしく、黒も緑の中で目だつらしいのです。いくつか論文がありますが、同じ大きさの同じ素材の人工果実を作り、いろいろな色を塗って野外に置いておく実験をしたら、黒と赤が一番よく食べられたそうです」

「へぇー、おもしろそう」

「ですよね。ここにも、動物には人とは違ってみえる世界があるというわけです。黒はあまり目立たないというのはヒトの目にはそうであっても、果実のほうからすれば一番のお得意さんは鳥なわけだから、鳥に対してアピールする進化があったということです」

実際の大きさは

さて、その計測結果をまとめてみました。初めに調べた果実と種子の写真を紹介します。

計測したのは果実の長径と短径、種子の長径と短径、1果実あたりの種子数です。

まず果実を大きいほうから小さいほうへと順にならべてみたところ、最大がシロダモで12・4ミリメートル、最小はムラサキシキブで3・0ミリメートルでした。4倍ほどもあるということです。それぞれの種子についても同じように並べることができますが、そのまま並べると大きい、小さいがあってグラフは上限に大きくゆれます。そこで、種子は種子で独立に、大きいものから小さいものへとならべてみると下のグラフのようになり、最大はやはりシロダモで9・4ミリメートル、最小はヒサカキで1・0ミリメートルでした。

さて、私が想定したのは、次のようなことです。さまざまなグループの植物が果実を作るのですが、当然、花の作りはさまざまで、雌しべの基部にある子房の中の種子の数やつきかたもさまざまなはずです。だから、なんの制約もなければさまざまな形や大きさの果実ができるはずですが、種子を運んでもらうため、動物、とくに鳥に対して「おいしそうで目立つ色、ひと飲みにできる大きさに近づいたほうが有利だという選択圧がかかったのではないか」というものです。もしそうであれば、種子の大きさの変異よりも、果実のそれは小さい、つまり「粒ぞろい」になっているはずです。そこで、最大値を1にそろえてその相対値で表現したのが次の図です。

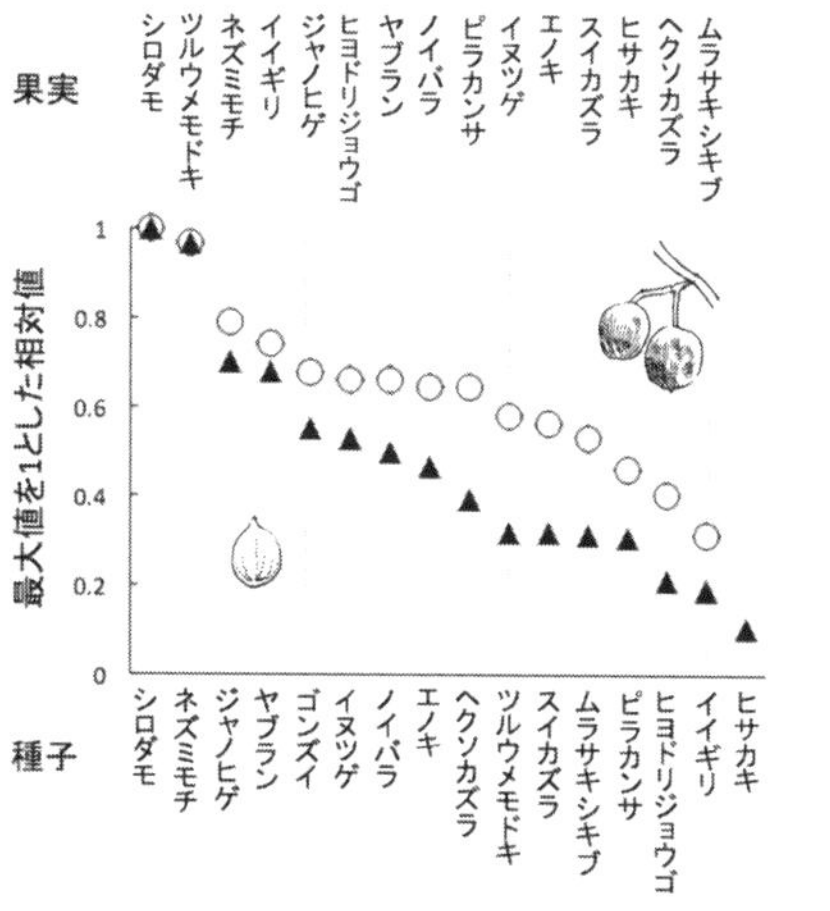

果実と種子の長径の最大値を1として並べ直した図。ゴンズイは果実のサイズを測定しにくいので除いた

これをみると種子のほうがばらつきが大きいことがはっきりとわかります。これは私が黒板に書いた図そのものです。果実では最大値に対して最小値が31％ですが、種子では１０・６％にすぎませんでした。私の想定はまちがいなかったようです。

種子の大きさと数

ところで、当たり前みたいですが、小さい種子は果実の中にたくさんあるのでしょうか。種子がたくさんあれば小さくなければ入りきらないのはわかりますが、小さい種子が1個だけ入っていても不思議ではありません。そこで種子の大きさに対して種子の数がどれだけあったかも調べてみました。

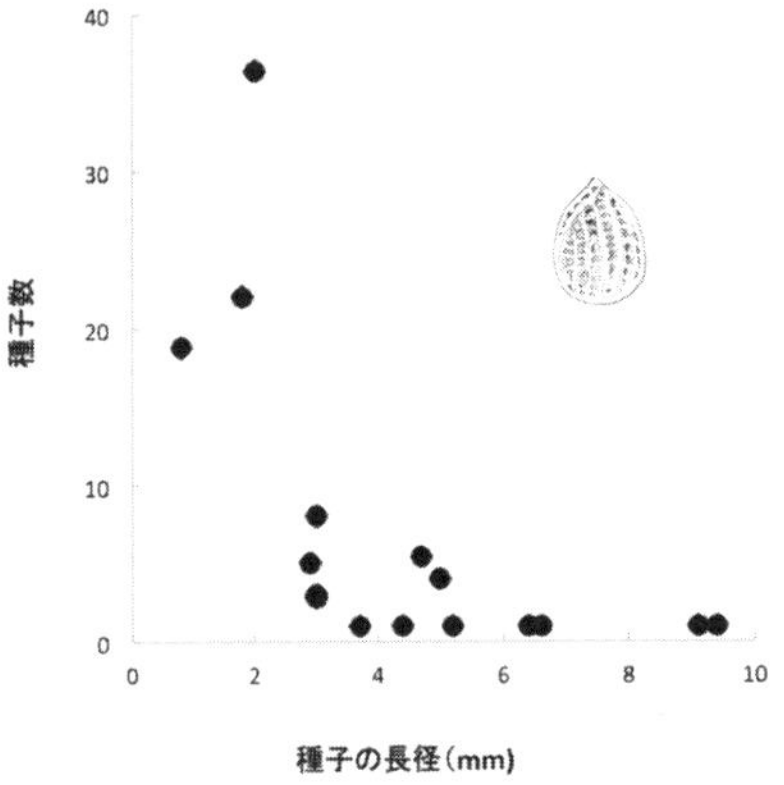

種子の大きさと種子数の関係

そうすると単純な関係ではなく、最小の種子を持つヒサカキは種子数は１８・８個で3位でした。一番種子が多かったのはヒヨドリジョウゴで３６・４個もありました。２位はイイギリの22個でした。種子の長径が６ミリメートルを超えると1個になりました。多少の例外はありますが、種子数と種子の大きさは反比例関係にあるといってよさそうです。

この計測でわかったのは、さまざまな花が鳥に種子を運ばせようとして種子の数にかかわらず、鳥にひとのみにされるような大きさになり、カラフルな色になっているということです。それを植物の「意志」とみてもよいですが、事実は単純に「そうであるほうが子孫が多く残せた」という生物学的な現象の結果にすぎません。それをダーウィンが見つけたのです。

日曜日の午前、８００メートルにすぎない距離をのんびりと2時間ほどかけて歩いただけで20種ほどの果実が見つかり、それを測定することで進化の一側面を見ることができました。

玉川上水の生きもの調べのまとめ

ここまで、玉川上水で半年あまり調べたことを書きました。内容が多岐に及び、ごちゃごちゃした感じがあるかもしれませんので、ここで整理をしておきます。

まず確認しておきたいのは、玉川上水は東京の市街地を流れる、か細い運河であり、その自然は決して豊かなものではないということ、私たちは都市住民としてそのささやかとも言える自然の動植物をじっくり観察しようとしたということです。

そうした自然に向き合うとき、私が心がけたのは、ただ名前を覚えるとか、美しい自然を楽しむというよくある観察会を一歩深めたいということでした。なにごとも表面だけの理解では真の魅力を知ったことにならないからです。

そのために私は調査の主人公としてタヌキをとりあげました。タヌキは日本人と深い関係をもち、寄りそうように生きて来ました。いや、この表現は正しくありません。タヌキはそのままタヌキの生き方をしてきただけで、日本人のほうがあとから日本列島に入ってきて、農業を始め、都市を作り、自然を破壊したために、多くの野生動物は森に逃げるようにして息を潜めて暮らしているのに対して、タヌキだけが柔軟で融通のきく性質を持っているおかげで、日本人と折り合いをつけて生きてきたというべきです。

タヌキは昔話にも登場するし、人を化かすけれども、どこかマヌケだなどと言われながら、愛すべき動物というイメージを持たれて、大都市東京にも生き延びています。ところが、そうでありながら、実際にタヌキの姿を見たことのある人はごく限られますし、ましてやどういう生き方をしているかはほとんどわかっていません。

学校の理科の勉強で生物についての膨大な知識を暗記している人や、宇宙のことや、恐竜のことに興味をもつ子どもはたくさんいるのに、すぐ隣りに生きているタヌキのことを知らないなんておかしなことです。

それで私は玉川上水のタヌキのことを調べてみることにしました。調べてみてわかったこともありますが、わからないことのほうがたくさんあるままです。それでも食生活についておぼろげながらイメージを持てるようなデータがとれてきました。でも私が重要だと思っているのは、タヌキが果実を食べることが種子散布につながっていること、タヌキが糞をするとそれを利用する糞虫がいることなど、タヌキをめぐるほかの生きものとのつながりが示せたことです。

都市生活をしていると、人を含めてすべての生きものはつながって生きているという感覚を持ちづらくなっています。その意味で、タヌキとほかの生きものとのリンクを調べることが、こういう視点をもつきっかけになればとても意味のあることだと思います。

もうひとつは、これもリンクのことなのですが、植物と動物のつながりの調査をしたということです。植物の生活史を考えると重要なポイントが2つあります。ひとつは親の植物から離れるところ、つまり種子の運命です。動けない植物はさまざまな工夫をして遠くへ移動しようとします。そのうち、私たちは動物が食べて種子を運ぶ「多肉果」を調べました。これはタヌキの食性ともつながります。そして分類学的にはさまざまな多肉果が同じような大きさで、目立つものに近づいているということを確認しました。

植物にとってもうひとつの重要な局面は花の段階で、受粉の問題です。花を咲かせる植物のうち、昆虫によって花粉を運んでもらうものはさまざまな形の花を発達させました。あるものは誰でも蜜が吸えるように皿型の花になって、ハエやアブ、甲虫や蝶などさまざまな昆虫に吸蜜させますが、一部の植物は細長い構造を持ったり、さらに複雑な構造を持つことで、一部の昆虫だけが訪問するようにして、その代わり確実に授粉させるように進化しています。そのことが実際に起きていることを確認できました。

この調査をおこなった「野草保護観察ゾーン」は、歴史遺産として残された玉川上水の林を伐ることで管理された場所で、そういう管理が草原の植物を回復させたのです。その意味で、こういう調査は市街地の緑地のありかたにヒントを与えるものです。

私たちの調査はおよそこのように意義づけることができると思います。

こうして調査を続けることで、私たちは都会の自然の話を聴くことができました。その話はとびきり興味深いものでした。

BBC（イギリス放送協会）の取材

ことの始まり

本書の原稿を整理しはじめた1月16日に突然BBC（イギリス放送協会）からメールが届きました。

タカツキさん

と宛名書きがあり、それに続いて日本語で「イギリスの放送協会BBCのテッサと申します。日本の野生生物について新しいネイチャースペチャールを作りたいのです。狸についていろいろな質問があって、聞いてもいいですか」とありました。「スペチャール」というのは「スペシャル」の間違いのようです。このあとは英語なので、和訳を紹介します。

「あなたの2006年の論文『東京西部の郊外のタヌキの植生の季節変化（英文）』について質問があります。これについて英語で質問していいでしょうか」

実は私はタヌキの食性について3つの英語論文を書いています。インターネットにキーワードを入れて検索すればそういう学術雑誌もヒットしますから、BBCの人はそうして私の論文を見つけたものと思われます。

いずれにしても、うれしい申し出なので、さっそく返事をしました。

テッサさん

どうぞ、英語で質問してください。

タカ

名前の呼び方

私は、eメールの末尾に「タカ」と記しました。私はアジア人なので、自分の名前を下の名前で呼ばれるのは気持ちがよくないと感じます。やはりそれは家族やよほど仲のよい間柄ですべきことのように思うのです。とはいえ、タカツキというのは発音しにくいし、下の名前で呼び合う慣習になじんだ相手にタカツキと呼んでもらうのも、それはそれでやや不自然感があります。そこでその折衷として「タカ」と呼んでもらうことにしています。

これだと短くて覚えやすく、発音もしやすいし、タカツキと苗字で呼ぶ他人行儀さもありませんし、私のほうも「セイキ」と呼ばれる収まりの悪さもないからです。

私は中曽根元首長がレーガン大統領と「ロン、ヤスの仲」といったのを気持ち悪いと感じたし、安倍現首相がプーチン大統領を会談のときに「ウラジーミル」と呼んだことを恥ずかしいことだと思いました。外交上、仲良くすべきという建前は不可欠なことですが、それは自国の慣習でつきあうこととなんら矛盾しません。プーチン大統領はウラジーミルと呼ばれて、好感を持ったでしょうか。安倍首相自身は「シンゾウ」と呼ばれたいのでしょうか。私はそれは自分の育った社会のもつ慣習を裏切る恥ずかしいおこないだと思います。そして、むしろ「国際的」ではない伝統的衣装で訪日されたブータン国王のような態度をはるかに好ましく感じます。

打ち合わせ

さて、これに対してすぐに応答がありました。

タカさん

とてもありがたいです。いくつか質問があります。論文ではタヌキが冬に人工物を食べるとありますが、人工物とは残飯のことですか？

春にも残飯を食べますか？

サクラの花、種子、葉を食べますか？

テッサ様

ご質問ありがとうございました。

人工物は残飯もありますが、ゴム、ポリ袋、手袋の一部などもあります。

春の人工物ですが、論文の図をごらんください。3〜4月にも人工物を食べています。

サクランボは食べますが、糞からの検出物からサクラの葉を識別するのは無理です。

タカさん

送っていただいた写真すばらしいです。ありがとうございます。あなたの発見されたことはすごいです。もし私たちが行くことになったら、これまで検出されたものを撮影していいですか？

私たちはサクラを軸に日本の春のドキュメントを作ろうとしています。サクラ、花見にまつわる伝統を撮影したいと思っていますが、京都でサル、東京でミツバチとタヌキを撮りたいと思っています。

そのあと、電話がかかってきて、20分くらい話しました。私は英語の読み書きはわりと大丈夫なのですが、電話だと集中力を要します。聴覚に集中するため目を閉じて聞きました。端正な感じのイギリス英語で、ティーの音が米語より強く、オーの音も独特でかつてのサッチャー首相を連想させました。「すてき」というところをラブリーと言うのはロンドン辺りの言い方だと聞いたことがありますが、確かに何度かラブリーと言っていました。

取材の日

取材のあった3月29日は昼過ぎに津田塾大学に行きました。BBCのクルーはすでに来ていて、挨拶をしました。ローワン・クロフォードさんがディレクター、クリス・パックマンがプレゼンターで、ほかに私とやりとりをしてきたテッサ、カメラマンのグラハム、音声のマーク、通訳の人もいました。

よい天気で、キャンパス内の雑木林には薄日が射して穏やかな春の日という感じでした。クリスと歩きながらタヌキの話をするところを撮影するということで、それ以上の打ち合わせはありませんでした。クリスはいきなり、

「タヌキっていうのはどういう意味だ?」

と聞きました。

ボードを使って「狸」の字を説明（撮影：棚橋早苗さん）

「タヌキの意味は知らないけど、漢字ではケモノと里を組み合わせた字を使う」

と言いながら、観察会で使うホワイトボードをとりだして漢字を書きました。

クリスは動物生態学を学んだことがある人でアナグマを調査したことがあるそうです。それで
「はあ、タヌキは里の動物っていうことだね？」

とうまくことばをつないでくれました。

「で、それが東京にいるというのはどういうこと？　東京は里じゃなくて市街地だらけだろう？」

「そう、でもタヌキは昔は里山、つまり農業地帯に住んでいたけど、適応力があるから、今では市街地でも生き延びているんだ」

タメフン場で

それからタメフン場に行きました。クリスはアナグマのタメフンの調査もしたことがあるので、

「わあ〜、すごい。これがタヌキのタメフンか」

と言っていきなり糞を手でつまんで、匂いを嗅ぎ始めました。

「うーん、これはアナグマの糞とも、キツネの糞とも匂いが違う。独特で、あまり臭くはないな」

などと言っていました。

「で、どうやって拾うの？」

というので
「あのね、私はいろいろやったけど、これが一番いいんだ」

といって、いつもバッグに入れている割り箸を取り出していくつか拾いました。

「へえー、これはいい考えだ」

あとでディレクターのローワンさんも、

「これはいい、日本的でとてもいい」

と喜んでいましたが、私としてはこんなことがウケるとは思ってもいなかったので、妙な気持ちでした。

私はいくつかのフンを拾っていましたが、そのあいだもクリスが、

「これは哺乳類の骨が入っているよ」

とか、私が
「ここに落ちているのはカキの種だ。カキは野生植物ではなくて家や神社の庭などに植えられているから、タヌ

キはそういうところで食べて、ここで糞をしたんだ」

などと会話がはずみました。幸運なことに、棚橋早苗さんが19日にソーセージにマーカを入れておいていたのですが、そのマーカーがフンの中から顔を覗かせているのが見つかりました。

「これでどういうことを調べているんだい？」

と聞くので
「キャンパス内に数カ所餌場を決めて、それぞれに違う色のマーカーをおいているから、このタメフン場で回収されたら、どこから運ばれたかわかる」

「へえ、実は私も5年前にイギリスのアナグマで同じことをしたことがあるんだ」

「そうなの？　同じことを考えるもんだね」

「番号がついているけど、これはダイモ？」

私はダイモは日本製品と思っていたので、ちょっと驚きましたが
「そうダイモ。これでマーカー1枚1枚の情報がわかるから、記録をとっておくと、何月何日にどこにおいたマーカーかがわかるわけだ」

「なーるほど、私は色を変えただけだったから、これはいい考えだね」

「ところで、これはひとつのフンに2枚入っている。このタヌキは欲張りでソーセージを何個も食べたんだな」

とクリスが言うので、二人で笑いました。

糞を水洗する

これで大体タメフン場での撮影が終わったので、次のシーンである糞を水洗できる場所に移動することにしました。移動中に通訳の人と話をしました。

「動植物の通訳はたいへんでしょう？」

「そうなんです、辞書で訳してもほんとにその動物のことなのかよくわからないし、イギリス人は鳥のことをよく知っているのに、私はよく知らないので、むずかしいですね」

「latrine なんて知らなかったでしょう？」

「ええ、調べたら一時的なトイレって出ていて」

latrine というのはタメフンのことです。

「そう、軍隊のトイレのことなんです。そこから動物のタメフンについて使われるようになりました。サルの群も troop っていうけど、あれも軍隊用語から来ています

ね」

というような話をしました。

さて、水道のあるところに移動して、さっき拾った糞を洗うことにしました。ふるいと小皿を取り出して、糞をふるいにのせ、水を流して歯ブラシでゴシゴシとこすると、細かい粘土のような部分が流れて内容物が顔を見せます。この季節は種子などが少ないので、うまくいくかどうかわかりませんでした。

洗い始めると細かなプラスチックの破片やら、ゴム手袋の断片などがありました。このフンには奇妙なものが入っていました。植物の繊維が見えるのですが、白く、端が直線的なのです。ルーペで覗いていたクリスが言いました。

「これは植物の繊維だな」

「うーん、この端が直線なのは不自然だと思うんだ。白いところとまっすぐな繊維と、端がまっすぐだということからして、Allium の可能性が大きいと思うな。Allium って知ってる?」

「ああ、ネギね?なるほど」

「そうだ、ネギ。この端のシャープな直線は刃物で切ったもので、そうでないと不自然だ。ということは残飯を食べた可能性が大きい」

次のフンからはミズキの種子やイネ科の葉が出てきました。私はメガネを外してふるいに顔を近づけ、言いました。

「This is a seed of *Cornus*, dog wood. It has distinct shape and I can identify. This grass leaf seems to be *Poa annua*」といいました。訳すと

「これはコルヌス、ミズキの種子だ。特徴的な形をしているから同定できる。それにこのイネ科の葉はスズメノカタビラみたいだ」

ミズキの種子は独特の形をしているのですぐわかりました。冬でも緑色のイネ科は限られます。それにスズメノカタビラは普通のイネ科の葉が全体が徐々に狭くなるのと違い、先端が急に丸くなるので区別がつくのです。するとクリスが

「ポア・アニュア(スズメノカタビラの学名)、ああ、知っている。へえー、イネ科の葉っぱをみて種名までわかるなんて、びっくりだよ」

そこは長年フン分析をしてきた者としてはちょっと鼻

が高いところです。ほかにもヒヨドリジョウゴの種子が出てきました。

3番目のフンからは哺乳類の毛と大腿骨の一部が出てきました。大腿骨の基部が寛骨《かんこつ》（腰骨）とつながるところは、球形なので特徴的なのです。大きさからしてふつうのアカネズミなどではなくドブネズミなどと思われました。英語圏では小さいネズミをマウス、ドブネズミなど大き目のネズミをラットといって区別して呼びます。

「これはげっ歯類の大腿骨《だいたいこつ》だけど、大きさからしてマウスではない。リスかラットだけど、ここにリスはいないからラットの可能性が大きい」

「こういう具合に、糞分析にはトータルな動植物についての知識が問われるんだ。いくらコンピューターが発達して、複雑な計算が一瞬でできたり、複雑なモデルを作ることができるようになったといっても、糞から出てくる小さな破片をわかるにはなんの役にも立たない。私は毎日植物の種子の標本を作ったり、動物の骨の標本を作ったりしてきたからわかるんだ」

「いやあ、すごいよ。イネ科の葉っぱからスズメノカタビラだと分かるし、植物の破片から刃物で切られたネギと推定、骨の断片からラットの大腿骨、いやあ、大したもんだ」

こうした検出をしばらくしました。ひとつひとつの糞から出てきたものが違っていたので、クリスは次のようにまとめてくれました。

糞を水洗し、説明する（撮影：棚橋さん）

「いくつか調べてわかったのは、フンからは人工物が出てきたからタヌキは残飯などをあさっているということだ。それにミズキなどの野生植物の種子も出てきたし、カキのような栽培植物も出てきた。それにネズミを食べていたものもある。つまり臨機応変に実にさまざまなものを食べることができるということだ。糞からはいろいろなことがわかるね」

というわけで、これも偶然に助けられて録画はうまくいきました。

グッド・ラック

次は餌を置く場所です。そこには昨日カメラマンのグラハムがカメラを置いています。そこに今日、クリスがソーセージにマーカーを入れて、数個を置きました。

これまでのセンサーカメラの結果では、3日に2日くらいはタヌキが餌を食べにきています。ですから運がよければ写ってくれるかもしれませんが、そうはうまくかないだろうという思いもありました。そういう訳で、最後に

「グッド・ラック」

クリスと玉川上水を歩く（撮影：棚橋さん）

と言ったらクリスが人差し指と中指を重ねました。私はぽかんとしていると

「日本ではグッド・ラックのときにこうしないの？」

「しない」

「イギリスではこうするんだ」

というので私もまねしてやってみました。映像はそこで終わりました。

「オーケー、これでキャンパスでの撮影は終わりよ、とてもよかった」とディレクターのローワンさんが嬉しそうに親指を上げて言いました。

それから簡単な夕食を食べに行きました。これまでの取材はほぼ順調だったということで和気藹々《あいあい》の雰囲気でした。

果報を待つ

それから津田塾大学の外にモニターカメラを置き、タヌキが来るのを待つことになりました。夜の8時で冷え込んできました。私は

「ここで3時間も待つのか」

とちょっと気が重かったのですが、どうも白人は寒さに対する耐性が違うみたいで、みんな平気な顔をしています。モニターを見ながらクリスがタヌキが東京にいることや、イギリスのキツネ事情などを解説しました。ロー

ワンの指示は、そこに私が行って一緒に話をしながらタヌキの出現を待つということでした。これがうまくゆけばベスト、タヌキが現れなかったら解像度はよくないが私が事前にとっておいたセンサーカメラの動画映像を使うという作戦です。

モニターの前での会話は、タヌキと日本人の関係ということで、テッサさんから日本の漫画でタヌキの載ったものを見たいといわれていたので「タヌキとキツネ」というかわいいイラストの本と、「かちかち山」と「分福茶釜」の絵本を渡しておいたのですが、それを使っての話になりました。

私は生物学については日常的に英語の論文を読み書きしているので、慣れていますが、こういう話題にはまったく不慣れです。早い話、「かちかち山」の「仇を打つ」とか「こらしめる」とか、「茶釜」や「化ける」とは英語でなんというのか知りませんでした。それでしどろもどろになったので、これはやり直しになりました。「要するに」の話をしてほしいということで、絵本の表紙だけを説明し、「かちかち山」はウサギが悪いタヌキを罰する話、「分福茶釜」はタヌキがティーポット（茶釜は英語で探すとこうなるということになりました）になったが、頭と足は残ってしまった、そしてサーカスのようなところでロープをわたって観客を喜ばせた話としました。

私は『タヌキ学入門』（高槻、２０１５年）でこのことをとりあげ、室町時代の「かちかち山」では農業被害を出す悪い動物として描かれたタヌキが、江戸時代の「分福茶釜」では人に恩返しをするよい動物になり、化け損なう間の抜けた動物というイメージになり、今は無邪気な少年のようなイメージに変化したことをおもしろいと思い、書いたことがあるので、そのような話をしました。これは動物が、違う社会で違うイメージを持たれることの好例で、重要なことだと思います。

それより困ったのはクリスが酒屋などによく置いてある、例の太鼓腹のタヌキの焼き物をとりだしたときです。そしてこれを説明しろというのです。

私はひととおり、これは御用聞きで、酒瓶をもって腹を出して気楽なおじさんというイメージで、店にこれを置くと客が来るという縁起のよいものとして使われているという説明をしました。そこまではよかったのですが、

クリスはさらに置物の下を指差して
「タカ、この人形では睾丸が大きく作られているが、これはどういうわけか」

　と、答えに窮する質問をしてきました。

「うーん、これに答えるにはちょっとはばかられるんだけど」

「動物学者が睾丸の説明をするのにためらうことはないだろう」

　と痛いところをついてきます。

「わかった。えー、睾丸は哺乳類のオスにとって重要なものだよね」

「確かに」

「金属の中で重要なのは金《きん》だよね」

「確かに」

「日本では美術品などで金箔を使う伝統があり、その専門職人は少しの金の塊を丁寧にたたいて驚くほど広い薄片にできるんだ。この『重要なもの』ということがミックスされて『キンを大きく広げる』が、睾丸が広がっているということになったのだと思う。このタヌキのイメージは、細かなことにこだわらない、気のよいおじさんというもので、それがお客さんが寄ってくるというイメージになったのだと思う」

　と言いました。

ついに現れた
　そのとき、突然クリスがモニター画面に顔を寄せて、目を丸くしました。

「おい、見ろよ！　すごいぞ！」

　と叫びました。私には画面にとくに変化があったとも思えず、クリスが映像のために「やらせ」でもしているのかなと思い、一瞬クリスを眺めていました。それから画面を見ると何かが動いており、よく見るとまぎれもなくタヌキです。10時半くらい、寒い中で2時間半経っていました。モニター画面の中のタヌキはしばらく餌を食べたりしていましたが、突然何かに驚いて走って藪の中に走り去りました。

「これはすごいじゃないか！」

「よかった、よかった」

　と私とクリスは夕方にしたグッド・ラックの指をし、握手をしました。

タヌキが出て来ればよいなとは思いながら、これまでのセンサーカメラの結果では、来ない日もあったし、出てきたのが1時とか3時とかいうこともあったので11時までに出てこないか、まったく来ない可能性はありました。だから実際に出てきてくれたのはまさにグッド・ラックで、本当にうれしく思いました。

みんなで「やったぜ」という気持ちで意気揚々と片付けをし、終わったのは12時近くになっていました。車に乗ってから私は

「今日の体験は私にとって本当にすばらしいもので、忘れがたいものになりました。ありがとう」

と言いました。そうしたらみんなが

「そうだ、そうだ」

と口々に言い、

「わりばしがよかったよ」

「フンからいろいろ出てきたのがよかった」

「タカの解説がよかった。英語もとてもうまかったよ」

「私もそれが印象的だったわ」

「なんといってもモニターにタヌキが出てきたからね」

「そうだ」

とにぎやかでした。

その後、駐車場にもどってお別れをし、自分の車で自宅に戻りましたが、いつもの道が暗くてすれ違う車もほとんどありません、頭も英語モードになっていたせいかい、違う道に見えました。

運転しながら、この日のことを思い返しました。することすることがよいほうの想定外の展開をし、まるでキツネに、いやタヌキにつままれたような一日でした。長年野生動物にかかわって、コツコツと努力してきたことや、動植物だけでなくいろいろなことに興味をもってきたことが、この一日に役立ったようで深い満足がありました。この作品ができて、イギリスの人々が日本人とタヌキのことを知ってくれることになれば、うれしいことです。

そういうわけでこの日の体験は私の研究生活でも忘れがたいものになりました。

取材を終えて

テッサさん

今日は一日ほんとうにすばらしい経験になりまし

た。なんといっても実際にモニターにタヌキが出てくるとは思っていませんでしたから。皆さんの自由で、協力的な仕事ぶりが印象的でした。よい作品ができるのを楽しみにしています。京都でも今日のように順調に行くとよいですね。タカ

翌日テッサからお礼のメールが届きました。

タカさん
いっしょに仕事ができたこと、たいへん誇りに思います。この経験を楽しんでもらえたと聞いてとてもうれしく思います。私たちみんながタカさんの知識の深さ、英語のすばらしさ、いかに映像に写ってくれたか、ほんとうに心に染みました。タカさんが私たちにしてくださったことに、感謝することばが見つかりません。作品ができたら気に入ってもらえるといいのですが。
京都に来ましたが、サクラの開花宣言はまだです。明日はそれが聞けますように。
あらためてありがとうございました。テッサ

第8章

生きものを調べて考えたこと

玉川上水の価値

歴史遺産

玉川上水の価値を評価するにはさまざまな視点からの見解がありえます。ごくふつうに考えて、歴史的遺産としての大きな価値があります。17世紀の半ばに作られたのですから3世紀半もの歴史が守られ続けたという意味で大きな価値があるといえるでしょう。とくに東京は関東大震災、太平洋戦争末期の大空襲などを経験したために、古い建造物などが壊滅的な被害を受けてほとんど残されていません。そのことを考えれば、歴史遺産としての価値は大きいと言えます。

ただし、それは建物や通常の建造物とは違い、江戸市民の生活用水を確保するための土木建築物であるという点でやや特殊と言えるでしょう。巧みな工法、とくに水はけがよすぎて水が失われないようにするためのさまざまな工夫がなされたことなどは土木工学史的な観点からも価値があるものと思われます。ただし私はこのことについての知識がないので、本書で触れることはできませんでした。

戦後社会の空気

私が記述したのは動植物が暮らす緑地としての玉川上水です。そしてタヌキに焦点を据えた上で、生きもののリンク（つながり）という観点から描写しました。

思えば、玉川上水が現在まで残っていることは奇跡のようなことかもしれません。というのは、玉川上水は本来の目的を果たし、いわば歴史的役割を終えたのですから、取り壊されてもしかたのない無用の長物という見方もできなくはないからです。

戦後の日本社会は経済復興という目的のためには古くて非効率なものを破壊することに何の抵抗もなかったようです。浮世絵で江戸時代の美しい日本橋の景色を見るとき、なぜあそこにグロテスクな高架を建設したのかと、ため息が出ます。玉川上水についても、杉並区の浅間橋《せんげん》よりも下流は1965年に暗渠化、要するにフタがされました。水道が完備されたのだから、運河はもう要らないというわけです。私は浅間橋に行き、雑木林がとぎれ、その先に高架の道路がそびえるのを見ると、

「この先に経済優先の東京があり、ここより西に東京の良心が残されたのだ」と思わずにはいられません。

1970年代に置きたこと

経済優先の当時の社会において、上水としての機能を失った玉川上水を残したのはどういう考えがあってのことだったのでしょう。これについて以前から疑問に思っていたのですが、東京都教育委員会がまとめた『玉川上水文化財調査報告』（1985年）を読んでひとつのヒントを得ました。

1960年代に東京の人口は1000万人を超え、水不足が深刻化しました。そのため、水を確保する目的で、東村山浄水場建設、江戸川拡張事業などが進められ、玉川上水の機能が羽村から小平水衛所（現在の監視所）までに削減されました。その結果、小平よりも下流は荒廃し、1970年頃にはゴミが捨てられて、ひどい状況になっていたようです。

1970年頃に取材をした加藤（1973年）は当時の玉川上水を次のように記述しています。

「およそありとあらゆるゴミがこの堀に投げ込まれている。古靴や空罐、発泡プラスチックはいうにおよばず、大小のボール、よごれた布団からボストンバッグにつめた下着類、なかには一ダースの箱につめたコップまである。雨の日に流れたものがところどころで堰きとめられるとみえて、そこはこんなガラクタがダムになって水が溜まっている。」

（加藤『都市が滅ぼした川』1973年）

こうしたこともあって、東京都は玉川上水の暗渠化を計画したそうです。当時の空気を考えればありそうなことです。

これに対して「玉川上水を守る会」が結成され、活動が始まったそうです。活動の内容は、行政への陳情、史跡指定運動の推進、見学会などの啓発活動、署名運動などです。その効果があって1970年には東京都がその主旨を採択したそうです。これには当時の美濃部亮吉《みのべりょうきち》知事（在任1967年～1979年）の影響力もあったようで、当初消極的だった東京都水道局も協力的になったとされています。

こうした流れの中で、東京都は1972年6月に玉川上水に1日3万トンの水を流す「清流復活」を決断し、国の史跡指定を受けて現状維持することになりました。

上記の「報告書」では「守る会」の成果を、玉川上水の暗渠化を阻止し、東京都の政策を保全に変更させたことと、住民の保護意識を高揚させたこととしています。

私はこれを読んでちょっと驚きました。あの時代は「開発優先」だったはずです。それが市民の声でいわば方針替えをしたということです。現在の日本人の生活は当時に比べてはるかに豊かになったにもかかわらず、市民運動はまったく虚しいものになっています。政治に無関心と言われる若者を巻き込んだ運動でさえ力を持ちません。そのことを思えば、この玉川上水を守る会の成果は信じられないほどです。

玉川上水は残った

このことは、戦後の社会の動きの流れの中で捉える価値があると思います。経済復興という大合唱のなかで、大気・水質の汚染が過度に進んで、公害が社会問題になり、水俣病に象徴される悲劇も生まれました。その反動のように反対運動が起こり、国民の環境意識も高まりを見せるようになりました。環境庁（環境省の前身）ができたのが１９７１年ですが、このこともそのような時代背景を反映したものと考えられます。このことは日本の戦後史を考える上で重要なポイントだと思います。

いずれにしても杉並区の浅間《せんげん》橋よりも上流の約30キロメートルは残されたわけです。そこにはＪＲの三鷹駅などもあり、人口稠密で「開発」されてもしかたのないような場所もあります。ともかく右も左もコンクリートとビルに囲まれ、膨大な数の自動車が走る都市環境を、かろうじて細い緑地が続いています。小平市辺りからは周りにまだ雑木林や畑地なども残っており、立川に至ると田園地帯と言える場所を流れる部分もあります。さらに西に行き、羽村のほうに至ると昭和の景色のような場所が多くなります。

すでに紹介したように、小平には小平監視所があって、ここまでの水は水量も豊富で、監視所で取水されます。したがってこの範囲の植生は下刈りをされて、枯葉などが上水に入らないようにされています（39ページの写真参照）。これより下流は水量がぐっと少なくなり、上水の壁も深くなって両岸から見下ろす形になります（27ページの写真参照）。下刈りはおこなわれず、アオキやヒサカキなどの低木が藪になっています。

玉川上水の今

こうして上水は緑地として市民に親しまれており、散歩をする人やジョギングをする人がたくさんいます。緑がずっと続いているという感覚はとても心地よいもので、心なしか人々の表情もおだやかに思えます。

子どもは玉川上水で無心に遊んでいます。今時珍しく魚とりをしている男の子も見かけますし、昆虫ネットを持って何かいないかなと探している子もいます。

仲の良さそうな老夫婦がゆっくりと散歩をしているのを見かけることもあります。あるとき、私が植物の調査をしながら聞いた会話には、

「こういうよい緑地が残されていて、この辺りはいいよね。ただの公園と違ってずっと続いているんだもんね」

というものがありました。それに、

ジョギングを楽しむ人

玉川上水の脇の用水路で魚とりをする少年たち

「これが江戸時代からあるっていうんだから驚くよね。昔の人はよく残してくれたもんだよ」

というものもありました。

お城を観光で訪れるときに聞くような会話です。それは文字通り歴史的建築物が残されたことに対する直接的な感慨です。ただし、玉川上水は少し違うように思います。人が作った、あるいは建てたものではないからかもしれません。また「いいな」と思うものが人工物ではなく、自然物であるという違いのせいかもしれません。

ともかく、すべてのものを経済復興優先で決めていたはずの昭和の大人たちが、例外的にこの玉川上水を残したのです。私はそれは「当たり前」のことではないと思います。

ありふれた生きもの

特別なものではない

この本を読んだ人はタヌキがこんな生き方をしているのだという発見があったかもしれません。あるいは都市にも糞虫がいることに驚きを感じたかもしれませんし、自然観察ってなかなかおもしろいと共感したかもしれません。

一方で、テレビの「自然もの」を見慣れた人は、がっかりしたかもしれません。絶滅危惧種のような希少種は出て来ないし、特別に美しい動物や、奇妙な行動をする動物もありません。高い山でも、雪の中でも、マングローブや原生林でもありません。それどころか、都市の市街地にある――みすぼらしいとはいわないまでも――ごくふつうの植物しかなく、しかもその緑は横切ればすぐに通りすぎてしまうほど狭いものであり、そこには当然、特別な動物はいない――玉川上水の自然はそういう自然です。

玉川上水に珍しい生きものがいないことの負け惜しみを言っているように聞こえるかもしれませんが、決してそうではありません。私は生きものの「特殊さ」、「貴重さ」を強調することにあまり意味を見出さないからです。というより、対象とする生きものが希少だからすばらしいとは思わないのです。そうではなく、どのような生きものもみなすばらしいと思うのです。

タヌキをとりあげる

タヌキを選んだのも、タヌキが珍しい動物だからではなく、むしろ逆にどこにでもいる動物だからです。タヌキはいつの時代でも日本人のそばにいたから、民話もありますし、擬人化した人形などもわれわれになじんでいます。クマのように人身事故を起こすということはないし、サルのように知能が高くて農業被害を起こして駆除されるということもありません。

ところが、そのわりにはその生活はよく知られていません。タヌキ自身のこともよくわかっていませんが、タヌキがいることで周辺の動植物がタヌキとつながって生きているということについてはわからないことだらけといってよいほどです。私はそれを自分の目で見て調べてみたいと思ったのです。なんとなく知っているような気がしているタヌキのことを自分自身が調べて明らかになるとすれば、おもしろいだろうと思ったわけです。

すばらしい自然観察者であるハスケルはテネシー州のある森の中のわずか1平方メートルの場所を「曼荼羅」と呼び、中の動植物を観察してすばらしい記述をしていますが、図らずも同じことを書いています。

曼荼羅観察の成果の一つは、私たちがある場所を大事にすればそれが素晴らしい場所になるのであり、何か素晴らしいものをもたらしてくれる「手つかずの」場所を見つける必要はない、と気づいたことだ。

そして観察をしてみたい人へのアドバイスのひとつとして次のことをあげています。

期待は持たずに出かけること。興奮したいとか、美、自然の猛威、悟り、奇跡などを期待して行けば、明晰な観察をじゃまし、思考は落ち着きを失って曇ってしまう。五感を積極的に開放しておくことだけを望むことだ。

（ハスケル『ミクロの森』２０１３年）

玉川上水で調べる

私はタヌキの食性はすでに東京西部の日の出町でも、八王子市の高尾でも調べています。これらはタヌキにとっては安住の地といってよいような場所です。

これに比べると玉川上水は次のような特徴があります。玉川上水は広いところでは20メートルほどの幅がありますが、多くは10メートルほどの幅の狭いもので、対岸で話をすれば声が聞こえるほどです。多くの場所では少なくとも片側には車道が走り、しばしば自動車の量も膨大です。その両側は宅地で、ビルなどがある場所も少なくありません。要するにコンクリートに囲まれた細い緑地です。これを血管にたとえれば、実に危険がいっぱいの血管と言えます。北からでも南からでも道路が拡幅されたり、ビルが大きくなったりすれば緑が分断されてしまうようなあやうさです。というより、すでに玉川上水を分断する道路はすでにたくさんあり、現在も新設されています。

そのような細い緑ですから、タヌキにとってはつねに危険と隣り合わせです。センサーカメラの調査によれば、かなり広い範囲でタヌキの生息が確認されていますが、いないところもかなりあります。

このように、「危険がいっぱい」の環境にありながら生き延びているタヌキのことを知るのは、希少動物を調べるのとは別の意味で価値があると思います。それは人が生活する場所に生き延びる野生動物といかにしておりあいをつけてよい関係を築くかについてのヒントを得られるからです。原生林を守り、人が立ち入りをしなくするという守りかたも必要ですが、面積の狭いわが国土では、人をシャットアウトすることで守るよりも、人も暮らしながらしかもそこに野生動物も許容するという守りかたのほうが普遍性があります。その意味で同じタヌキを調べるといっても、それを玉川上水で調べることには特別な意味があると思います。

野生動物の保全をするにあたっては、相手のことをよく理解して、それにふさわしい守りかたをする必要があります。私たちが調べたことがそれに役立てばうれしいことです。

知りたいから調べる

保全のために調べるか

私は前の節で自分の調べたことがタヌキの保全に役立てばうれしいと書きました。それはまちがいないのですが、調査がそのためだというのなら、それはちょっと違います。確かに自然保護や生物多様性保全を実践する上では調査の成果はとても重要です。こうした活動はときに政治的なイデオロギーと直結することもあるし、市民運動としての側面があって保全そのものが目的になることもあります。あるいは環境教育という文脈で子どもに自然を好きになってもらうよう導くことを目的とする流れもあります。私は調査がそういうことに役立つから大切であることを認めた上で、自分が行うのは少し違うと思います。

生きもののすばらしさ

私は半世紀ものあいだ動植物を観察し、生物学を学びました。そうして感じることは、生きものというのはなんとよくできているのだという驚きです。そして、そのことを知ったときにはすばらしい感動があります。小さな葉一枚でも、昆虫の脚一本でも、細かく見ればさらにその中に微細な作りがあり、しかもそれがすべて意味をもっています。初めはその意味がわからなくても、調べてわかったときに深い感動があります。その感動こそが私が生きものを調べることの原動力になっています。好奇心といってもよいかもしれませんし、センス・オブ・ワンダーといってもよいでしょう。その生きもののすばらしさを、画家は絵で、音楽家は音楽で表現しますが、私はそれを自然科学的な手法で表現したいと思います。それが感動を伝える一番よい方法だと思えるからです。

「これはなんという草なのだろう?」

という疑問から始まり、誰かに名前を教わることがあるでしょうし、図鑑類で知ることもあるでしょう。それを繰り返していると、似た植物、違う植物がわかるようになります。そっくりなのに微妙に違うとか、違う場所に行って、見慣れているものとよく似ているものに出会って興味を持つこともあります。

興味の展開

生きものへの興味の持ち方と、そこからの展開について考えてみましょう。

「この花の仲間関係はどうなっているのだろう?」

という興味は分類学へ向かっているといえます。

私たち日本人はサクラが好きで、春には花見を楽しみます。多くの人は、

「きれいだな。サクラはいいな」
と感じ、大人になればサクラの下で酒宴を楽しみます。そういう人にとってサクラは酒を楽しむための背景ということになります。あるいは、短命なサクラに、人生のはかなさを感じる人もいるでしょう。

でも中にはサクラに植物学的な関心を持つ人もいるかもしれません。サクラにもいろいろあることは誰でも知っていますが、
「ウメはサクラと似ているな」
と気づき、それらがバラ科という共通のグループに属すことを知ったとき、
「バラ?　あの庭にあるバラとこのサクラやウメはどこが共通しているんだろう?」
という興味につながります。

一方、サクラの花だけでなく、葉や枝や幹に興味を広げる人もいるかもしれません。あるいはサクラの花に訪れる蝶やハチなどに注目する人もいるかもしれません。葉の作りはどうなっているのだろう。葉脈はどう流れているのか、サクラの葉には「腺」と呼ばれる構造がありますが、それに着目する人もいるかもしれません。

一方、サクラの葉にはさまざまな昆虫がついて食べます。サクラといえば花が注目されますが、秋になれば紅葉し、それはそれで美しいものですが、紅葉や落葉という現象に興味をもつ人もいるでしょう。

知りたいという心

ここで私が言おうとしているのは、サクラの花という誰でも知っている植物ひとつをとりあげても、好奇心を持っていれば、次々に疑問や興味が湧いてくるということです。その好奇心は、子どもたちはたっぷり持っているのに、大人になるにつれて別のことに興味を持つようになったり、日々の忙しさにかまけてしまうために忘れてしまいがちなものです。

私は職業柄ということもありますが、子どものときの好奇心をずっと維持してきたように思います。その源はただ純粋に「生きもののことをもっと知りたい」ということであり、それが保全の役に立てばすばらしいことですが、そうでなくても知りたいという気持ちに変わりはありません。

何を見つけたか

知られていないことを調べる

玉川上水での一年足らずの観察会と調査で何がわかったでしょうか。短い期間だからわかったことは知れていますが、それでも時間を有効に使って、かなり集中的に調べることができたと思います。生きものそのものについては前の章に書いたので、ここでは私にとって大切であった発見にしぼって書いてみたいと思います。

調べるということは、調べることによってそれまで知らなかったことを知るということですから、新情報を得るということです。とはいえ、希少な動植物がいるわけではない玉川上水で調べるのですから、もともとそこに無理があるわけです。

しかし、私はこれまで研究をする中で、生きものリンク（つながり）という視点を注ぐと、新しい発見がいくらでもあることを学びました。

リンクの好例

その良い例はタヌキの食べものです。私は若い頃、シカの食性を知る必要に迫られました。図鑑類を見ると「シカは木や草の葉を食べる」とあまりにも当たり前のことしか書いてなくてがっかりしました。そこで自分で勉強し、開発して糞分析を試みましたが、わかったのは北日本のシカにとってササが重要だということでした。それ以前にそのことを指摘した人はいませんでした。正確にいえば、シカがササを食べることは推測はされていたのですが、定量的に明らかにした人はいなかったのです。わかってしまえば当たり前のことですが、そのことでその後シカとササの関係について研究が大きく進みました。

タヌキの食性を調べたときも同様でした。タヌキについてはいくつかの論文があったので読みましたが、頻度法という方法を使っていたのと、植物の種子がまとめてあり、識別された植物名が少ないので、あまり役に立ちませんでした。そこで自分で調べてみると、タヌキは果実をよく食べ、しかも里山的な植物をよく食べることなどがわかりました。事例を増やし、その後公表された論文などを集めてみると、場所により違いが大きいことがわかりました。要するに「タヌキの食性はこういうものだ」という一般論はあまり意味がなく、個々の場所でていねいに調べるしかないということです。

実際、津田塾大学のタヌキの食性を調べてみると、これまで知られているタヌキの食性と共通することと、違うことがありました。そしてそのことは90年前に植林された津田塾大学のキャンパスにある林の特徴を反映したものでした。

食べ物を調べることの意味

タヌキの食性をタヌキの性質のひとつとして捉えるのではなく、食べられる植物の側からも考えると、食べるという行為を通じてタヌキとほかの生きものがつながっていることがわかります。つまり視点を変えて見れば、同じことが違って見えるということです。

そうすると、タヌキは果実を食べているつもりなのですが、植物から見れば、果肉を提供して種子を散布させているということが理解されます。そういう見方をすると、実際タヌキのタメフン場にムクノキやエノキの芽生えがあることに気づきました（１４５ページの写真参照）。

果実の狙いが見える

そして、果実（多肉果）がそのような機能を発揮させようとしているという目で見ると、さまざまな果実が直径5ミリメートルから1センチメートルくらいで、カラフルであることの意味も「これは鳥に食べてもらうためだ」と理解できました。そう思って秋の玉川上水を歩くと、低木類が自分をアピールしているように見えたから不思議です。

同じ現象が見方を変えたら違って見えるというのは、ただの観点の違いであって、事実そのものは違うわけではないという意見はありえることです。でも私はそうではないと思います。違う見方をする、あるいはできるということは生物のことを理解する上でははなはだ重要なことです。私が尊敬するカナダのデビッド・スズキさんは、著書の中でプルーストのことばを紹介しています。

真の発見の旅とは、新たな土地を見つけることではなく、新たな目で見ることだ。

（スズキ『いのちの中にある地球』２０１０年）

糞虫に出会った

玉川上水の生きもの調査のもうひとつのハイライトは糞虫だったと思います。私は糞虫をトラップで採集し、室内で飼育し、糞を野外に置いて分解のようすを観察するという毎日を続けました。そのとき、この東京郊外の町に糞虫がたくさんいるのに、それを調べようとする人は誰もいない、それどころか糞虫がいることそのものを知る人さえいないということを感じました。動物の糞に集まる不潔な昆虫などに興味を持たないのは当然かもしれません。しかし、糞虫が生態系で重要な役割をもっており、それを調べることは複雑な生きもののつながりを知ることの興味深い世界を知ることにつながります。

社会動物学という学問分野を確率して生物学の流れに大きな影響を与えたエドワード・ウィルソンは次のような驚くべき事例を紹介しています。

ミツユビナマケモノは、南米から中米にかけての大部分の地域で、低地帯の森林上部の葉を食べてくらしている。ミツユビナマケモノの毛皮のなかには、地球上でここにしかいない小さな蛾、クリプトセス・コノエピが棲んでいる。週に一度、ナマケモノが排便のために地上に降りたとき、雌のクリプトセスは一瞬だけ宿主を離れ、ナマケモノの新鮮な糞に卵を産みつける。孵った幼虫は、糸を出して巣を作ると、糞を食べはじめる。幼虫は3週間で成虫となり、ナマケモノを探すために樹木の上のほうへ飛んでいく。このように、クリプトセスの成虫は、ナマケモノの体表で生活することで、子どもたちに栄養に富んだ排泄物という餌を確保することができ、糞便を餌とする他の無数の生物たちを出し抜くことができるのである。

（ウィルソン『バイオフィリア』1994年）

この記述は糞虫のことを書いているのではありません。ナマケモノの毛皮の中というきわめて特殊な場所に生きる特殊なガ（蛾）がいて、そのガが生きるために、ナマケモノの糞を利用して産卵し、そこで孵化した幼虫が糞中で育って再びナマケモノにとりつくために樹上に飛んでいくという驚くべき生活史を紹介しています。このこと自体、驚くべきことですが、同時に、このことを明らかにした生物学者の執念もまた驚くべきものです。

自然界にはこういう私たちが知らないことが無数にあります。ウィルソンはそのほんのひとつでもよいから明らかにすることは大きな意味があるということを伝えようとしているのです。他人《ひと》は関心を持つことはないが、そういう興味深い世界があるのだということに気づいたという意味で、糞虫を調べた私にはウィルソンのことばに共鳴するものがあります。

死んだ標本より生きた生きもの

さて、昆虫調査といえば、標本箱に入れる種類を増やすために採集すれば一件落着というのもひとつの調査のありかたです。しかし私は糞虫の存在をタヌキがいることとのリンクとして捉えようとしました。

タヌキが食べ物を食べれば、当然、排泄します。排泄すれば糞が地面に落とされます。その糞はどうなるだろう？　糞虫がいて分解するのではないか？　とつなげて考えたいと思いました。そして実際に調べてみると、コブマルエンマコガネが採れ、飼育してみるとすごいパワーで糞を分解することに目を見張りました。そしてそのパワーに感激すると同時に、その活動が糞を分解して土の中に戻すことで、物質循環に貢献するという偉大なことをしているということも理解できました。

糞虫が糞を分解することはもちろん私が発見したことではありません。しかし、玉川上水にはほとんどコブマルエンマコガネしかいないという事実を確認し、それには草食獣がいなくなってしまったという背景があったのではないかという仮説を立てました。そして、八王子や大月で調べてその仮説は無理なく説明できました。

都市の緑地を見直す

玉川上水に糞虫がいることを確認した次に考えたのは、では市街地の緑地には糞虫はいなんだろうということでした。ところが調べてみると、意外にいるという結果になりました。そこで「いない」ことを示すために調査地点を増やさなければならなくなりました。それは大変でしたが、がんばって44カ所を調べることで意外にも糞虫はほとんどの場所にいることが示されました。そのことがわかったときの喜びは大きいものでした。

リンクが示せた

一方、伐採して草原植物を呼び戻す試みをする場所で開花した植物と訪花昆虫の関係を調べ、ここでも植物と昆虫が密接なつながりを持っていることを知ることができました。

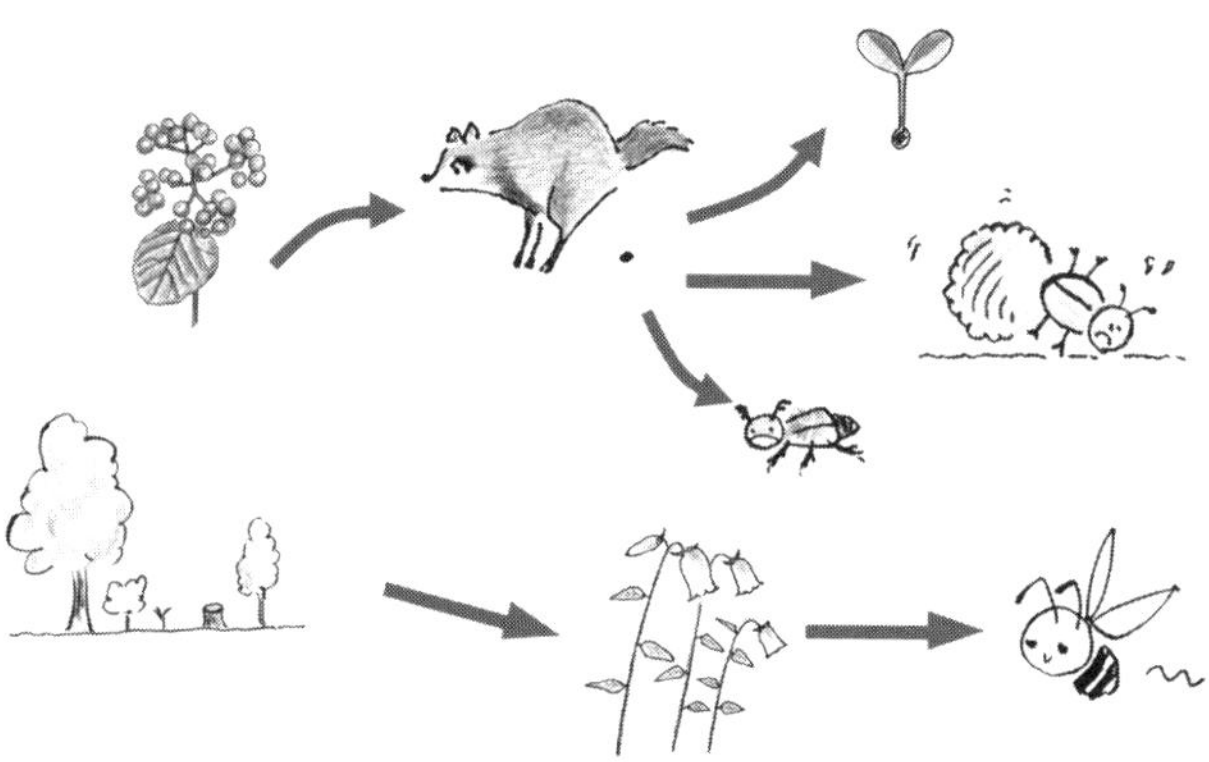

玉川上水のリンク。タヌキが果実を食べれば、糞を通じて種子を運ぶことになり、タヌキが糞をすれば糞虫が利用し、タヌキが死ねばシデムシが分解する。林を伐採すれば野草が花を咲かせ、訪花昆虫が来るというリンクがある。

玉川上水という、これといって希少な動植物があるわけではない場所で、特別の装置や道具を使うこともない調査によるだけで、生きもののリンクを示すことができました。

自然界では、一つだけ離れて存在するものなどないのだ。

（カーソン『沈黙の春』１９７４年）

とはいえ、もちろんそれはタヌキを軸にしたものであり、しかも、そのごく一部を示したにすぎません。そうではありますが、生きものがつながって生きていることが実感できたことはすばらしいことだったと思います。

おしまいはない

このときに感じたのは、生きものを調べるというのは「これでおしまい」ということのない奥行きの深いものだということでした。作業としての終わりもありませんが、「こういうことが起きているのではないか」と考えることにも終わりがありません。
このことについて私がいつも心に置いているレイチェル・カーソンのことばがあります。

私自身も含めて、地球とそこに棲む生物に関する科学を扱っている人々に共通する特質がひとつあります。それはけっして飽きることがないということです。飽きることなどできないのです。調べるべき新しい事項はつねに存在します。あらゆる謎は、ひとつ解明されれば、より大きな謎の糸口となるものです。

（カーソン『失われた森』２０００年）

その深い楽しみが東京という都会の中でもできるというのは驚きでもあり、ありがたいことでもあります。これは日本列島の自然が恵まれているためだということを思い起こすべきだと思います。日本の夏の高温多湿が植物を茂らせる、そのことが昆虫をはじめとする小動物の生息を可能にしているのです。

経験と直感

経験の大きさ

生きものを相手の調査は効率が悪いもので、もっと無駄をなくさないといけない、とは思いますが、いまの私は無駄を含めて調べることそのものがおもしろいのだから、時間がかかるなら、かければよいと思います。

２０１６年11月に武蔵野美術大学で「これまでにわかったこと」を報告したとき、多くの人が、
「こんなにいろいろなことを調べていたのですね」
とか
「これだけのことをよくコツコツと調べましたね」
と言ってくださいました。私にはこのことは多少認めてもよい気持ちがあります。それは私が長いこと研究者として生きものを相手にしてきた経験があったからだと思います。

直感

自然の中を歩いていて「ピン！」と来ることがあります。たとえば津田塾大学の林を見て、

「ここにはタヌキがいそうだ」

と感じた直感がその例です。それには玉川上水でセンサーカメラの調査をして、タヌキはヤブがあるところにいる傾向があることを知っていたことが背景にありました。また玉川上水の植物調査をして、玉川上水の緑の幅が狭いと草原的な植物が多く、広いと森林的な植物も生えていることを知っていたこともあります。そうして経験と動植物についての知識があるから、玉川上水に接したまとまった林があり、大学という静かな環境ならタヌキがいる確率が高いと考えたのです。それは「直感」ということばで表現されるかもしれませんが、その直感を持つにはそれなりの経験と知識が必要です。

直感を裏付けるもの

あるとき私は小平駅のホームで電車を待っていました。そのときホームの屋根からチラチラとオレンジ色のものが降りてきました。私の中で「アカかな？　ウラナミアカかな？」とアンテナが動き出し、見ると「ウラナミアカ」でした。これはウラナミアカシジミという小さなチョウで、シジミチョウの一種です。それが駅のホームの屋根のほうから下に降りてきたとき、私の意識はまずこれがハエやハチではなくチョウであることをとらえ、大きさからシジミチョウであると絞りこみ、チラと見えた翅の色からアカシジミ系のものだと判断しました。この仲間には数種がいますが、この辺りにはアカシジミかウラナミアカシジミしかいません。シジミチョウ類には街中にでもいるヤマトシジミがいますが、カタバミを食草としますし、もう少し里山的なところならハギなどを食草とするルリシジミやギシギシなどを食草とするベニシジミなどがいます。これらはいずれも草本類や低木の葉を食べますが、アカシジミやウラナミアカシジミの幼虫はコナラなどの木の葉を食べます。だから食草とは言わないで、「食樹」といいます。そうなると、ほかのシジミチョウの仲間のように空き地や畑があればいるというわけにはいかず、雑木林などがなければなりません。私の頭の中で1、2秒のあいだにそういうことが回転し、

「へえ、こんなところにウラナミアカがいるんだ。ということは、そう遠くないところに雑木林があるんだ。もしかしたら大きな家の庭から来たのかもしれない」

と思いました。もちろんホームにいるたくさんの人は誰一人気づいていません。

獲物を逃さない

そういう背景がありますから、玉川上水でタヌキについて調べるというときに、何ができるか、どういう方法を採るか、それは実行できるかなどを考えました。それには、これまでの経験が活かされていたと思います。事前に計画できることもありますが、ある程度の結果がでてから新たな課題が生まれることもあります。

糞虫が市街地の狭い公園にはいないという思い込みがまちがっていることを示すために多くの場所で調べることになりました。このときも、これまでの経験で「ここでやめたらこれまでやったことが無駄になる。ここはがんばりどころだ」と判断しました。その意味では、一見ずるずると調査を継続したようで、押さえどころは押さえていたと思います。そこには私の長年の経験が活かされたと思います。

これについてウィルソンの次の記述は自分のことを言っているように思えました。一部は略しています。

……科学者の真の仕事、科学という営為の骨格であり、筋肉であるものは、……ごく地道なものだ。良い問題を見つけようと努力し、実験の計画を立て、データと格闘し、……推論した上に、ようやく何かが――普通はごく些細なことだが――明らかになる。……科学者の大半は、勤勉で仕事熱心な職人であり、特に聡明なわけではなく、ただ自分の好きなことを職業にしているというだけにすぎないのだ。

（ウィルソン『バイオフィリア』1994年）

果実を並べる――バイオフィリアを考える

並べる基準

12月の観察会のあとで、果実の計測をしました。その作業が終わってから、私はこれを自宅に持ち帰り、大きさ別に並べてみました。最大のものがシロダモ、最小がムラサキシキブでした（口絵、図11）。

それから今度は黒系、赤系、その他と色別に並べ直してみました（口絵、図12）。

私はこういうふうに規則を決めてきちんと並べることが好きですが、それは統一感、あるいは整然としたことが好きだからかもしれません。

ごちゃごちゃ

ただ果実の場合はやはりいろいろな色があるということに楽しさがあるのも確かです。そこで私はこれを木皿に入れてみました（口絵、図12）。そうすると、なんとも楽しい雰囲気が醸成されました。それは「きちんとした」ことの魅力ではなく「ごちゃごちゃした」ことの魅力といえると思います。また、入れた容器はガラスか金属の容器でもよいのですが、ここはやはり木皿がなじみます。ぬくもり感のある木皿に赤や青や黒の果実がいろいろ並んでいる。これを見ると胸がときめくようなよろこびがあります。

ごちゃごちゃが好きなわけ

私たちは、きちんと並べたものの持つ端然としたものに魅力を感じると同時に、このごちゃごちゃしたものに、まるで母の胸に抱かれるような安らぎを感じるのはなぜなのか。

私は、それは私たちがサルの一種だからだと思います。果実食であるサルは、赤系の果実を見つけることをしてきたはずです。緑の中に赤やオレンジの果実を見つけることは生活の基本でした。たまに動物を殺して食べることもあったでしょうが、それは滅多にないボーナスで、それだけに頼っては生きていけません。われわれの祖先はその後、ドングリ類や、さらには穀類などを利用するようになりますが、それより前のずっと長いあいだ、果実を食べてきました。そのＤＮＡは私たちの中に確実に残っているはずです。

私はこのように人間をサルの一種としてとらえてみるようにしています。学生の実習などで野山を連れ歩くとき、だいたい15人くらいを境にして、それ以上だとうまくいきません。どうしても説明を聞かない学生が出てくるし、解説する側も集中力を欠く傾向があります。考えてみれば、スポーツの1チームの人数は野球は9人、サッカーは11人、多めのラグビーでも15人です。軍隊の基本単位もその程度でしょう。

私は、それはヒトがハンターとして進化するなかで獲得した性質によるのだと思います。リーダーがいて、メンバーがいて、大物猟をするとき、15人程度よりも少ないと人手が足りなくて獲物の追い出しがむずかしくなるだろうし、それ以上になると意思伝達がうまくゆきません。このように、人の行動や思考は、人をサルの一種と見ると納得できることがあります。

サバンナをイメージさせるといわれる日本庭園（島根県の足立美術館）

バイオフィリア

　エドワード・ウィルソンはこの考えを進め、「バイオフィリア」という概念を提唱しています（ウィルソン『バイオフィリア』1994年）。バイオフィリアというのは「生きもの好き」という意味ですが、その内容はヒトの行動を進化的に考えると、ヒトは目にする無数の物の中から生きものを峻別する能力があり、強い関心を持つということです。そして生きものと接したいと感じるというのです。そしてそれはヒトが自然の中で生き、その中で食べ物としての生きものを見つけ、食べられるか食べられないかを区別し、覚える必要があったし、危険な動物や有毒な植物には不気味さや恐怖心を持つ必要があった、だからそのような性質が遺伝的に組み込まれているのだというのです。これはたいへん説得力のある説です。

　ウィルソンは人のさまざまな好みは長いサバンナ生活で獲得されたと言います。だから人は見晴らしのよい場所を好むし、同時に水の得やすい河辺などを好むといいます。意外であり、おもしろいと思ったのは、日本庭園もサバンナのイメージだというのです。確かに日本庭園は日本の自然を代表する森林のようではなく、芝生にツツジの低木があり、刈り込みをする造園管理をします。ウィルソンは、これはサバンナの景観だというのです。

サルだから果実が好き

さて、果実に戻ります。サルである私たちの祖先は野山で果実を探して食べていたはずです。緑の中で赤い果実を見つけることはきわめて重要なことでした。それを口にして味を確認し、食べられるものとそうでないものを区別して、覚えたことでしょう。

私が果実類を木皿に入れたとき、理屈抜きに楽しい気持ちになったのは、これで説明できそうです。でも、それは赤い実を見てうれしく感じたことの説明になっても、いろいろな果実があることを見て楽しいと感じたことの説明にはなりません。

このことを少し強引に説明してみます。人類の祖先はおいしいものがたくさんあれば大量に採集して持ち帰ったことでしょうが、想像すればわかるように、いくらおいしくても同じものだけを食べるのはうんざりするもので、少しでも違うものが混じっているほうが食事にアクセントがつくものです。だから木皿にいろいろな果実があるのを楽しく感じたといえるかどうかあまり自信はありません。そこは今後の課題としたいと思いますが、そのことが私たちの本質的な性質であるとして話を進めます。もしそうであるなら、人は、さまざまであること、つまり多様性を好むということになります。

多様性を好むことの意味

ある日に集めた果実を並べることから、人類進化のこと、人の本質にまで話を広げるのは強引であるに違いありません。しかしこのときの体験は、私にとってはなかなか示唆的なことでした。人にはものごとをきちんと並べることの整然さに魅かれる面と、ごちゃごちゃといろいろなものが雑然とあることに魅かれる面があるのは確かなことのように思えます。前者が極端に強調された時代が80年ほど前のこの国にありました。それが行き過ぎであったことは多くの日本人が腹の底まで感じたことです。では戦後の日本人はそれを本当に脱却したと言えるでしょうか。私にはそうは思えません。

あるとき私はスペインからの留学生と上野動物園でゾウの実験をしたことがあります。動物園ですから小学生や幼稚園児が来ます。私は「かわいいな」と思って見ていたのですが、そのときスペインの留学生がつぶやきました。

「これが日本ですよね。動物園に来ても引率され、管理されている。こうして小さいときから集団行動に慣れていくんですね」

彼は日本とスペインの違いを言っただけなのか、少し批判的に言ったのかわかりませんでしたが、そのことばは私の中に今でも突き刺さっています。

我が家の子どもたちが小学校のとき、学校で作品展があったので見に行きました。広い講堂のようなところに絵と習字が1年生から学年順に並べられていました。それを見ると1年生の作品は個性的でひとつひとつが違っていましたが、3年生くらいから急に絵の雰囲気が同じになりました。習字も同じで、まるでコピーのように同じ字になるのです。

教育は統一させる

思うに、教育には知らないことを知らせる、できないことをできるようにするという大きな目的があります。それは大切なことで、江戸時代から「読み書きそろばん」と言われたのはそれを象徴的に表わしています。しかし十分に読める字が書けるようになったあとで、さらにコピーのように同じ字を書くように型にはめていくのは行き過ぎです。少なくともヨーロッパ人から見たらそう思えるようです。

そうして育った大人は、会社のために一心不乱で働くとか、家庭生活を犠牲にして仕事を優先するようになります。こうした体質は、戦中と戦後で社会体制が変わっても、本質的にはまったく変わっていないように思えます。「個性を尊重しよう」、「ナンバーワンよりオンリーワン」と謳われるということは、現実がそうでないということを皮肉に示しています。

目を世界に転じると、第二次世界大戦が終わって半世紀が過ぎたころから、先進国が内向きになり、政治的、経済的に不順な国からテロリストが生まれています。それは自分たち以外の人や国を理解せず、偏見を持ち、それをさらに先鋭化するためです。そういう現実を見るにつけ、「人間とはそういうものなのか」と絶望的な気持ちになります。

サルがごちゃごちゃを好むのなら

しかし、もしそれは人間のもつ一面にすぎず、私たちは実はそれと同じほど多様性を好む性質を持っているとすれば、大きな希望が持てるように思います。多様性を好むということは、自分とは違う人に興味を持つということです。しかし、違うと感じることは好意にはつながりにくく、しばしば「違うからよくない」とか、「違うから劣っている」という差別につながりがちです。しかし、私たちが果実に対して感じるように、いろいろな色や形があることのほうがよいと考えることができれば、「これにはこういう良さがあるし、あれにはあの良さがある」と考えることになり、「いろいろあることで全体ができており、その全体を大切にすることがよいことなのだ」と考えることになります。

戦争中に日本人が極端な考えに陥ったのは、そうなるような教育が行われたためであることは明らかです。そうであれば、私たちは子どもたちに対して、人の持つもうひとつの側面である多様性を好むという性質を正しく育てるよう導くべきだと思うのです。

偏見からの解放

タヌキに対するイメージ

タヌキはこの本の「きも」に当たります。タヌキを知らない人はいませんが、それでいてタヌキを実際に見たことのある人は少ないし、ましてやその実像を知っている人はほとんどいません。

一方、実態を知らないながら、タヌキにはあるイメージがあります。まさかタヌキが化けると本当に思っている人はいないでしょうが、タヌキはお人好しで、小太りで、どこか愛嬌があって、愛すべき動物といったイメージがあります。それに比べればよく「タヌキとキツネ」としてペアでとりあげられるキツネはずる賢いというイメージです。それは、タヌキがよく太っていて、目の周りに黒い模様があって垂れ目の印象を与えるのに対して、キツネは細身で四肢が長く、「つり目」でシャープな印象を与えるためだと思われます（高槻『タヌキ学入門』2016年）。そうした印象から、同じ化けるのでもキツネは美人に、タヌキは小太りなかわいい娘にということになっています。あるいは「タヌキおやじ」といってでっぷり太った、人生の裏表を知り尽くしたような中年男がイメージされたりします。

動植物との接点が大きかった時代には人々が実際に動物を見る機会も多かったので、たとえば「タヌキ寝入り」とか「キツネに化かされる」、あるいは「イタチの最後っ屁」などの表現がリアリティを持っていたものと思われます。

ステレオタイプのイメージの単純化

ところが、現代生活においては直接野生動物に接することが少なくなってしまったために、実像とイメージがつながらず、むしろイメージが誇大化する傾向がありまず。

私たちには直感的に抱く印象があります。ウサギはかわいく、ヘビは気味が悪いとか、パンダはあどけなく、ライオンは怖いなどというのがその例です。これは人には大きな目は赤ん坊を連想させてかわいいと感じるとか、鋭い目や牙には恐怖を感じるなどの、進化の過程で埋め込まれたものがあるのかもしれません。

作られたイメージの頼りなさ

しかし、スズメはどうでしょう。私たちが子どもの頃は動物を人間生活にとって有益であるか有害であるかで区別することがよくおこなわれました。鳥も益鳥と害鳥に分けられ、スズメは害鳥とされましたが、私にはスズメが悪い鳥には思えず、たまたま米を食べる性質をもっているために損をしているのであり、スズメそのものが悪いのではないと思いました。一方、小学一年生のとき、学校から帰る道でコウモリが弱って地面に落ちているのを見つけて、近づいて見たところ、黒っぽい毛が生えた体や鋭い牙からおぞましい動物だという強い印象を受けました。しかし後で知ったことですが、コウモリは漢字で「蝙蝠」と書き、その発音が福と同じなので、中国では縁起のよい動物と考えられていたのだそうです。こうした例は直感と作られた文化的なイメージにはときに乖離があることを示しています。

糞を食べる虫

本書で、糞虫についてページを割きました。昆虫好きの私には実験しながら糞虫に感動することがたくさんありました。その感動をもたらすものはエンマコガネやセンチコガネの造形美にも、コブマルコガネの動きにもありましたが、それと同時に、生態系の中で物質循環における分解過程に貢献しているという生態学的な役割を知ったということにもありました。そのことは、何も知らないで「糞に寄ってくるなんてなんて汚い虫だ」と思うこととといかに大きく違うことでしょう。

そのように思うと、私たちはつねに動物を勝手なイメージで決めつけて見ているということ、そして、知らないということは偏見につながるのだということに気づきます。

偏見が生むもの

偏見ということで思われるのは、この十年ほどの世界の人間のふるまいです。同じ人間のあいだでさえ相手のことを知らないことで偏見を持ち、それが昂じて暴力をふるうことが横行し、無数の悲劇を生んでいます。私たちは偏見を持たないようにするということを、教育を含めてもっと真剣に考えないといけないと思います。

人間による動物への偏見は抜きがたくあるものですが、それでもタヌキのようによい印象を持たれている場合はまだよいとしても、ヘビやネズミや糞虫などのようにマイナスイメージを持たれている動物は嫌われ、場合によってはいるだけで殺されます。

こうしたイメージは置かれた状況によっても変化します。

私は1949年に鳥取県で生まれ育ちました。子どもの頃、家の中にハエやカ（蚊）、ゴキブリなどがいるのはふつうのことでした。カをよけるために、蚊帳《かや》を吊って眠りました。また玄関の明かりのところや、窓ガラスには虫を食べるためにヤモリがいました。それだけでなく、ネズミもいて、家にはネズミ捕りが置いてあり、生け捕りにする罠の場合、つかまったネズミを水につけて殺すので、見るのがいやでした。農家に行くと天井裏をネズミの走る音がし、ザーッという音がするので、聞いたらヘビだということで、農家の人は、ヘビは家の守り神だと言っていました。

空き地にはいろいろな昆虫がいて、カマキリやオケラは子どもに人気がありました。トカゲやカナヘビ、アマガエルなどもいたるところにいました。地方と大都市とは時間のずれがあるかもしれませんが、だいたいそういう状況でした。

これを現代の大都市のマンション住まいと比べてみましょう。部屋にカやハエはいないのがふつうではないでしょうか。ゴキブリはさらにいないかもしれません。そして、ハエがいたら殺しますし、ゴキブリが出たら大ごとです。ネズミがいたらパニックになる人もいるでしょう。それどころか、カーペットやベッドにダニがいるからといって、それを徹底的に殺す薬品なども宣伝されています。

こういう比較をすると、現代の都市生活はこれらの「ムシ」に非寛容になっているように思います。

私が東京で電車に乗っていたときのことです。ドアからクロアゲハが入ってきて車内を飛んでいました。若い女性が自分のほうにチョウが飛んできたとき、悲鳴をあげて立ち上がり、パニック状態になりました。ハチであれば刺されるということがあるかもしれませんが、チョウがいてもなんの問題もありません。その反応は無知と未経験から来たものです。私はその反応ぶりに驚きましたが、昆虫を見ないで暮らしている人のほうが多数派であれば、そういう反応のほうがふつうということになるのかもしれません。そのために昆虫を見ることをシャットアウトするという選択がとられることになるのかもしれません。そうなれば、ますます昆虫を見ることがなくなり、見たときの当惑はますます大きくなるものと予想されます。

相手を知らなければ偏見が生まれます。私がタヌキや糞虫を調査するのは、こういう生きものを知らないために非寛容になりつつ現代社会への挑戦という意味もあります。

知ることは偏見から解放する

思うに、動物を知るということの真の意味は、勝手に持っていたイメージによる偏見が正しくないことに気づくことにあるではないでしょうか。春になってさえずる小鳥を「春のよろこびを歌っている」と思うのは直感ですが、研究者はそれが繁殖期のオスが自分の縄張り宣言をしているのだということを明らかにしました。ハトは平和の象徴で、オオカミが残忍な動物の代表と考えられてきましたが、実はハトは種内できびしい殺し合いがあることや、オオカミは狩りをするために厳格な秩序をもち、リーダーは劣位のオオカミにいたわりをもつことなどもわかってきました。

自然科学は冷たくない

自然科学というと、なにか冷たい、温かい心がない行ないのように思われるところがありますが、動物を科学的に明らかにすることは実は偏見を正すためのすばらしいおこないなのだということがわかります。そしてその底の部分には、動物への敬意があるのだということにも気づきます。「沈黙の春」の著者であるレイチェル・カーソンは次のような印象的なことばを残しています。

海について書かれた世間一般の本のほとんどは、観察者である人間の視点から描かれており、その人間がみたものについて、印象や解釈が述べられている。しかし私は、そうした人間の目を通すことによって生じる偏見をできるかぎり排除しようと心にきめた。

（カーソン『失われた森』２０００年）

偏見からの脱却に必要なのは、相手を正しく知るということです。私は自然への愛は自然を知ることと一体だと思います。その意味で深く共感できるのはハスケルの次のことばです。

私たちを維持し支えているものの仕組みを研究することによってしか、私たちには自分の立ち位置が見えないし、したがって自分の責任にも気づかない。森を直線的に体験することによって私たちは、あらゆる伝統的な倫理観の系譜に影響を与えてきた大きな文脈の中に自分の生命や欲望を置いてみる、という謙虚さをもつことができる。

（ハスケル『ミクロの森』２０１３年）

ここでいう森が自然そのものであることはいうまでもありません。

アメリカの自然と人、そして日本

自然に向き合うことでこうした深い哲学的思考に到達

したカーソンとハスケルの二人がアメリカ人であることには意味があるかもしれません。ヨーロッパで進められた自然破壊は長い時間をかけておこなわれたという点では無意識におこなわれ、気づいたら自然が失われていたというところがあります。その過程でヨーロッパ人は人間こそが神に近く、世界を支配する責任があるという自然観を構築しました。その価値観をもって「発見」された新大陸に入ったヨーロッパ人はあっという間に文字通り破壊的に自然を改変しました。そして物質的豊かさを追求し、実現しもしました。そういう社会に育ったからこそ、カーソンやハスケルは自然に対する謙虚さの必要性を強く感じたのかもしれません。

その点、私たち日本人（あるいはもう少し広く湿潤アジアの人間といってよいかもない）をはじめとする、圧倒的な豊かな自然の中に生きてきた民族はもともと自然に対峙するという感覚を持っていなかったように思われます。湿潤アジアの自然は、弱いから保護するというようなものではありません。とくに日本列島は地震もあれば、台風も、大雪もあります。少なくとも近代化して欧米の価値観を「学ぶ」までの日本人は自然を畏れ、おだやかであることをお願いするという生き方をしてきました。その意味では、私たちのほうが自然に謙虚になる土壌に恵まれているのかもしれません。自然を知るには謙虚であることが不可欠なことだと思います。

生きものの側に立つ

カメラに写ったもの

津田塾大学でタヌキの調査を始めて半年ほど経ったとき、タメフン場に来るタヌキのようすを撮影するためにセンサーカメラを置きました。これはうまくいって、そこに来るタヌキや糞をするタヌキが撮影されましたし、ときどきネコやキジバトなども撮影されました。

あるとき、カメラに意外なものが写っていました。鎌の歯がノコギリ状になった道具をもった作業の人が写っていたのです。それは3日続き、ハシゴを運ぶようすなども写っていました。タメフン場の周りのアオキなどの藪はすっかり刈り払われてさま変わりしました。

刈り取りをした人の怖さ

写真に写った刈り取り作業をする人を見たときの感覚は今まで感じたことのないものでした。自分の調査に支障が生じると困るという気持ちも少しはありましたが、それよりもカメラに写る対象物をタヌキ、ネコ、キジバトと見たあとに作業の人が出てきたとき、「大きくて怖い存在」だと感じたのです。そのとき私は自分がタヌキの気持ちになっていたと思います。巨大といってもよいほど大きな人が鎌を持って生活の場に生えている木をどんどん伐っていくことへの恐怖が少しわかるような気がしました。その人はもちろん仕事として作業をおこなっておられるのですが、タヌキの側に立っている私には乱暴なおこないに思えました。

私はこの調査を始めたときに、タヌキ目線で玉川上水や都市を眺めてみたいと思い、そうしているつもりでしたが、この経験で、全然そうはできてなかったのだと思い知りました。

人間とタヌキは違う動物なのだから、それは当然のいたしかたないことなのかもしれません。しかし、そうではあっても、想像することはできます。

違う立場に立つ想像力

私たちは公園や保育園を設計するとき、使いやすさや安全とともに、子どもであればこうなっていればよろこぶだろうと想像します。あるいは老人の施設などでもそうです。自分とは違うが、違う立場の人であればどう感じるかを想像します。そのときに、子どもなり老人なりは私たちとどう違うかを知ることが不可欠です。それと同じで、私たちは、タヌキはどういう動物であるかを知ることで、どういう環境を残すべきかを考えることができます。

タヌキは下刈りされたところよりは藪があるところを好み、直径がせめて100メートル程度の林があることが必要なようです。その林には果実があり、昆虫、哺乳類などがいる必要があります。

これまで、玉川上水の周辺で、タヌキが暮らしていた林が、ある日、突然刈取らとられてしまい、そこを立ち退いて別の林に行かなければならないということが起きたはずです。その林も伐られ、また別の林に移動ということを繰り返すうちに、もう逃げ場がなくなったということもあったはずです。でも、私たちはそういうふうに考える想像力も持ちにくいものです。

タヌキの立場に立つ

タヌキは食べ物を匂いで感知しますから、食べ物の匂いがするポリ袋や輪ゴムなどは食べ物と思って食べてしまいます。多少腐っているくらいは平気ですし、よほど苦いとかまずい味がしなければなんでも食べます。体重5キログラムほどの動物が生きてゆくにはかなりの食べ物が必要です。果実は栄養もあり、まとまってあって逃げることもないたいへんありがたい食べ物です。カキ（柿）やギンナンは自然界には少ない大きな果実でたっぷりと果肉がありますからタヌキは大喜びで食べます。カキは渋く、ギンナンは臭《くさ》いですが、だから食べないということはありません。地面を歩く昆虫などは貴重な動物タンパク質ですから狙って食べます。土をいっしょに飲み込むこともあります。

私たちは「そんなものでも食べるのか」とか「不潔だ」とか感じますが、自然界に生きる野生動物からすれば、自然界にあるものからおいしいものだけを選び、洗い、火熱し、味付けをし、容器に入れて、箸やスプーンで食べることのほうがよほど「異常な」ことです。それを基準に野生動物の食生活を評価するのは意味がありませんし、それは相手を知らないということです。

哺乳類であるタヌキでさえそうですから、私たちが鳥やトカゲや昆虫のことがわからないのは当然かもしれません。ましてや植物となるとまったく想像ができません。

生きものを知る

しかしファーブルが徹底的に観察し、実験をして糞虫やハチなどの習性や生活を明らかにしたように、よく見ればその動物がなぜそうするかは理解できるようになります。植物がどういう場所にあるか、どうして受粉をするか、あるいはいかに種子を広げるかは、観察し、調べればわかってきます。

私たちが玉川上水でおこなったささやかな調査でも、植物の生育地の管理のしかたが草原の花を咲かせ、それを訪れる昆虫を惹きつけることや、多肉質の果実類が、鳥や哺乳類に食べてもらうためにカラフルでおいしくなっていることを示すことができました。私たちは植物になりきることはできませんが、植物が演じている「生きている」ことの意味を読み取ることを通じて、理解をすることはできます。

そのように、ほかの生きものとまったく同じ立場には立てなくても、その生活を理解することで、その生きものにはこうすることが迷惑なことだということはわかります。

環境の変化を想像する

そのように考えると、過去半世紀に武蔵野台地で起きた雑木林の伐採と畑の宅地化は、タヌキに代表される無数の動物とそれを支えた植物の立場に立つことはおろか、思いやることもなしに、人間が自分たちのつごうだけでふるまってきたことなのだということが痛いほどわかります。

それはともに地球に生を受けたものとしてよくないことだと思います。

分かち合うということ

野上ふさ子さんはアイヌの民話の例を紹介しています（野上『アイヌ語の贈り物』2012年a）。

ある貧しい家の娘が山に草を採りに行ったのですが、誰かが先に来て全部をとってしまっていたので、何も採らないで帰ってきました。あるとき、お金持ちの夫人が病気になって死んでしまったので、その訳を神様に聞くと、その夫人は欲張りで山に草を取りに行くと食べられないほど採ってきて家で腐らせてしまうので、そのことを神様が罰したというのです。そして神様は独り占めすることの罪深さを戒めて言いました。「この世界には人間ばかりが生きているのではありません」と。アイヌは食べ物は人がみんなで分かち合うべきものだと考えているようです。

それどころか、ほかの生きものへの思いやりを忘れることがありません。野上さんが親しくしていた目の不自由なおばあさんは、自分が作った作物を秋になってスズメが食べようとすると、「まだ熟さないうちに食べてはいけないよ、人が刈り取ったあとに残った落ち穂を食べなさい、それでも余るほどあるからおみやげに持って帰りなさい」と話したそうです。

アイヌの人々は「ウ・レシパ・モシリ」、つまり「互いに育て合う世界」という世界観をもっているのだそうです。自分がほかの生きものとつながって生きており、自分も育てられていると感じながら生きれば、ほかの生きものに思いやりを持つのはごく自然なことであるに違いありません。それは20世紀後半の北アメリカで興った「土地倫理」という哲学に通じるすばらしい世界観だと思います。

私たちの中にあるもの

ひるがえって、私たちはタヌキのそばに暮らしながら、タヌキといっしょに生きているとか、互いに育てあっているという感覚を持てているでしょうか。

アイヌの人々の哀しい歴史を思うとき、それを蔑視し、文化を消滅させたわれわれの社会の中に、過度の自尊性、利己性があることを認めなければなりません。民族問題と人と生きものの関係を混同してはいけませんが、根の部分でつながっていることはまちがいありません。私たちに他者への思いやりが欠ける傾向があることをよく自覚し、改めてゆきたいと思います。

誰でもできる生きもの調べ

生きもの好き

私は昭和24年に鳥取県の倉吉という町で生まれました。物心ついたときから動物が好きで、小学校では昆虫の採集や飼育に熱中していました。当時、昆虫や魚を採るのは男の子ならだれでもしたことですが、私は植物も好きな子でした。あの時代の山陰では、植物が好きだというのは女々しくて恥ずかしいという空気が濃厚でした。私は小学5年生のとき、昆虫採集に行った低山でスミレを何種類か見つけて魅了されました。しかし、周りにはそういう雰囲気がありましたから、スミレが好きだなどとは友達には口が裂けても言えないことでした。そうではありましたが、スミレは見れば見るほど魅力的だったので、土ごと採集してきて鉢に植えて栽培しました。それは秘め事だったので、友達が遊びに来ると見つからないようにしました。

そんな子どもでしたが、その後、高校生になると生物学者になりたいと思うようになり、大学に進みました。そして幸いなことに大学の研究者になり、40年近く研究をしました。

特別な道具はいらない

そういう私ですから、生物に対してふつうの人より関心も強く、知識も多いのは当然のことです。その意味ではやや特殊な経歴の人間といえるでしょう。でも、今私が玉川上水で調べていることは、現役の大学人であった頃と違い、専門的な機器や道具がいるわけでもないし、チームを作ってトレーニングや指導をして組織的なデータ取りをするということもありません。身軽な服装で、バックパックを持って行くだけです。それでできる調査をしています。私はある観察会のとき、主催者に持ち物を聞かれて答えました。

3つあれば十分です。野外を歩ける服装、筆記道具、それから好奇心。

大自然でなくてよい

玉川上水は市街地の中を流れる運河ですから、動植物は豊富とはいえません。日本の多くの地方都市であればこれよりも豊富な動植物のいる雑木林はいくらでもあります。だから、だれでもその気になれば私たちが調べた程度のことは調べることができます。そう、身近な自然の動植物を観察するのはだれでもできるのです。このことについて、レイチェル・カーソンは次のように語っています。

自然にふれるという終わりのないよろこびは、けっして科学者だけのものではありません。大地と海と空、そして、そこに住む驚きに満ちた生命の輝きのもとに身をおくすべての人が手に入れられるものなのです。

（カーソン『センス・オブ・ワンダー』1996年）

エドワード・ウィルソンも同じことを言っています。

知られざる神秘的な生き物は、いまあなたが座っている場所から歩いていけるところにも棲んでいる。」

（ウィルソン『バイオフィリア』1994年）

子ども観察会――手応えのあること

特別な観察会

玉川上水で観察会を始めました。解説をしながら、背景の違う人から質問をもらって改めて考えたり、調べ直したりするのはよい経験になりました。

そうした中でももっとも印象に残ったのは、子どもを相手におこなった観察会「タヌキのうんちをさがしてみよう」でした（第4章）。これは私にとって文字通り新鮮な驚きの連続でした。

入念な準備

私はふつうの観察会ではとくに準備はせず、およそのテーマを考え、季節にふさわしい観察対象を確認する程度で会に臨みますが、子どもを相手にしたときはいつになく準備をしました。まず子どもたちがリラックスするように、タヌキのお面を作って、「みなさん、こんにちは」とあいさつするところから始めました。それから何を見せるかを考え、タメフンを紹介するだけでなく、実際に糞を拾うところを見せ、糞の水洗も見せました。また、これまで検出して保管している、タヌキの糞から出てきた種子や輪ゴムなどを持参し、ルーペで見てもらいました。

実際どうだったか。糞をみて「汚い」、「汚いから見たくない」という子どもがいても不思議ではありませんが、フタを開けてみると、どの子も目を輝かせて見ていました。

またタメフン場に行くとき、わざと笹ヤブを突き進むことにしました。そのときの子どもの表情は嬉しそうでした。

うまくゆかない

でも、糞の水洗は失敗だったと思いました。

どういうわけか、その日、2つの糞を水洗しましたが、乾燥していたためになかなかほぐれず、時間が経ったので子どもも退屈しているように感じました。気がつくと私のズボンの膝の部分が濡れていました。何か出てこないかなと、メガネをはずして何度か覗き込みましたが、これというものは出てきませんでした。

意外な反応

ところが、あとで感想を書いてもらったら、意外なことが書いてありました（109ページ参照）。幼稚園くらいの子どもが、私が糞を洗う行動をおもしろそうだと感じたらしく。真似をしていたそうです。それから私が膝を濡らしながらふるいを覗き込んでいた、そのこと自体が子どもに印象を残したというのです。

別の子は、タヌキが輪ゴムなどを食べていたことに驚いたようです。野生動物がどういう生き方をしているかを考えたことのない子どもたちは、動物もきれいに洗われた清潔な食べ物を食べていると思っていたのでしょう。皿に載ったものを食べるとは思っていないでしょうが、せいぜい畑のトマトとか、イチゴのような食べ物を食べると思っていたのかもしれません。だから、残飯のような不潔なものを食べるというのはショッキングなことだったのかもしれません。

子ども向けの本を書く

私は半生を生きもののことを調べることに費やしてきましたが、その根底には、子どもの頃から生きものが好きだったからということがあります。その子どもの頃に持った思いは、老人になった今もまちがっていなかったという確信があります。だから、このおもしろいことを若い人に伝えたいという気持ちがあります。そうした気持ちで若者向けの本を書きました*が、本を書くということは、読者という不特定多数の人を相手にすることで、直接話をすることとは違います。多くの人に読んでもらえるという、効率のよさはありますが、著者の一方的な発信ということになります。

＊『野生動物と共存できるか』、『動物を守りたい君へ』、『食べられて生きる草の話』『動物のくらし』など

じかに話す

それに比べると、子ども観察会ではわずか15人ほどの子どもを相手にしましたから、経験や知識の伝達の広がりは狭いものです。しかし、私の中にはずしりとした手応えが残りました。要するに確かなことをしたという実感があったのです。

私はすでに歳をとりました。残された時間はそうありません。だからその時間を手応えのあることに使いたい

と思います。それはこの子ども観察会のように、自分の経験が確かに伝わったと実感が持てることです。

BBC取材の日——時は待ってくれる

赴くままに

私はいま、定年退職をして、悠々自適の生活を楽しんでいます。毎日、データを整理したり、顕微鏡をのぞいたり、動物や植物の標本を作ったりしています。

日本の大学教育は細分化していますから、大学の研究者はある動物のある部位のある細胞群についての専門家という具合で、昆虫を研究している人は魚や哺乳類は知らないというのはザラです。だから私のように動物も植物も好きなどというのは例外中の例外です。私は研究対象の動植物はもちろんですが、そうでなくても果実を見つけると採集して種子標本にするとか、毎日小哺乳類の標本作りなどをしています。効率、専門性ということをプロの仕事とすれば私のように散漫なのはプロらしくないといえます。

取材の日

さて、思いがけない形で津田塾大学でのタヌキ調査についてBBCの取材を受けたことは紹介しました（7章）。

まことに非科学的なのですが、私は「天気男」と呼ばれます。調査に行くとき天気予報が雨と報じているのに、電車で移動しているあいだに雲が切れ、空が明るくなって着いたら晴れということがよくあります。このときもその前数日は寒くて曇りや雨だったのに、この日は麗らかな春の日になりました。そして翌日はまた寒くなりました。

天気がよかったのは偶然であったにしても、タヌキのタメフン場に行ったら、このところ出てきていない骨を含む糞やマーカーがありました。そして糞を水洗いしたら、取材にふさわしいさまざまな食べ物が現れてくれました。

考えてもみてください。イギリスから極東の日本まで地球を半周してきたところの大学キャンパスでタヌキの取材をしている。そこで調査をしている日本の爺さんが

いて、「ある」というところに行ったら確かにタメフンがあった。それを洗って覗き込んでは、

「冬に緑色のイネ科は限られ、ふつうのイネ科の葉は先端が徐々に細くなるが、これは先が急に細くなるからスズメノカタビラだろう」

などとうれしそうに語るのを聞けば、

「なんだ、この爺さん。変な奴だけど、ただものではなさそうだ」

と思ったことでしょう。

そのあと、モニター画面によほど運がよくなければ出て来ないはずのタヌキが出てきました。

こういうことが起きたのだから、私は、非科学的と言われても、やはり運がいい男なのだろうと思います。

でも、ここで私が言いたいのは、私の強運ということではありません。

本当に好きなことを追い求めれば

私は半世紀ものあいだ、いつでも動植物のことを考え、知りたいと思い、実際にそのことを日常的にしてきました。そうでなければタヌキの糞から出てくる5ミリメートルほどの破片からさまざまなことが読み取れるはずはないのです。

一方、BBCは通訳さんを用意してくれていましたが、その必要はありませんでした。私自身、最初のうちは日本語で考えて英語に置き換える意識がありましたが、タメフン場でクリスと対話をし、糞洗いをしているうちに、頭が英語モードになって、英語で考えていました。それは論文を書くときのチャンネルではなく、十代の頃にアメリカンポップスやビートルズに熱をあげていたときに覚えたチャンネルに入った感覚でした。

そう思うと、一見、非効率に思えること、無駄だと思えるようなことを、心の赴くままにしてきた私の歩いてきた道のりが、決して無駄ではなく、このBBC取材の日のようなところにつながっていたのではないかと思えたのでした。運もよいが、それだけではない、好きなものを求め続けると、それがいつかは実現するということでしょう。

その日、取材が終わって深夜の暗い道をドライブしながら、小田和正の歌詞が怖いほどのずっしりとしたリアリティーをもって心に染みました。「ただこれだけはい

つも忘れないで。夢を追いかける人のために時は待ってる」

これからのこと

特殊な歴史遺産

本書をしめくくるに当たって、これからのことを考えてみましょう。玉川上水は360年以上もの長い歴史をもっています。そして20世紀の後半に下流の10キロメートルほどが暗渠になりましたが、西側の約30キロメートルは残りました。そして、市民のいこいの場として維持されてきました。

玉川上水は歴史遺産でもありますから、維持するための管理が必要です。建物などの歴史遺産であれば劣化しないという管理をしますが、玉川上水には動植物が生きています。とくに木は大きく育ち、下に生える植物を被ったり、玉川上水の壁面に根を伸ばしたりするため、玉川上水を変形していきます。そのため適切に管理することが必要になります。現に私たちが観察している「野草保護観察ゾーン」は草原の野草を戻すために上層の木を刈り取って維持されています。

都市緑地としての玉川上水

一方、なんといっても玉川上水は東京の市街地を流れる水路です。東西に流れていますから、これに並行した道路もあれば、南北に横切る道路もあります。都市が人の暮らす空間である以上、利便性が求められるのは宿命といえます。都市であることと原生的な自然を両立するのはもともと相容れないことなのです。

そのことを考えながら、本書の主人公であるタヌキのことを考えてみます。

江戸時代の小平辺りの農地について詳細な土地利用面積が記録として残っているそうです。それによれば農地面積のおよそ半分が畑、残りの半分は雑木林であったことがわかっています。雑木林は焚き付けや緑肥のために不可欠でした。こういう環境はタヌキにとって理想的といえるものです。これは多少の変化をしながらも昭和の30年くらいまでは続いていたようです。だからタヌキだけでなくキツネもたくさんいたようです。

『用水路 昔語り』（２０１６年）には昭和45年頃にはキツネ、タヌキがよく見られたという古老の談話が記録されています。

「ウサギはいましたか」という問いかけに、

「昭和45年頃にはいたね。ゴルフ場に巣を作った。キツネ、タヌキがよく見られたのはその前で、いまの学園地区全部が林だったからね。」

（こだいら水と緑の会『用水路 昔語り』２０１６年）

その後、１９６０年代から人口が急増し、農地が宅地に変化し、道路がつき、雑木林は激減しました。キツネはいなくなり、かろうじてタヌキが、残された雑木林で生き延びています。

息をひそめて

こうしたことを考えると、玉川上水にタヌキはいますが、息をひそめ、辺りを気にしてビクビクしながらかろうじて生き延びているのだということがわかります。私たちは、その将来は決して安泰ではないということを忘れてはならないと思います。

都市であるがゆえの宿命は避け難くありますが、それを安易に「しかたない」とするのではなく、むしろ、だからこそ私たちは奇跡のように残された玉川上水の緑の価値を考え、その自然にマイナスになることは最小限に留める努力をすべきだと思います。

名画を燃料に

そんなことを考えていたとき、ハッとすることばに出会いました。

それはアマゾンの森林伐採についての記述で、

この行いは、経済的な見地からすれば正当化されるのかもしれない。しかし、料理を作るための焚き付けとして、ルネサンス時代の絵画を使うのに似た行為であることに変わりはないのだ。

（ウィルソン『バイオフィリア』１９９４年）

玉川上水のこれから

玉川上水の林を伐採し、上水にフタをして暗渠にする

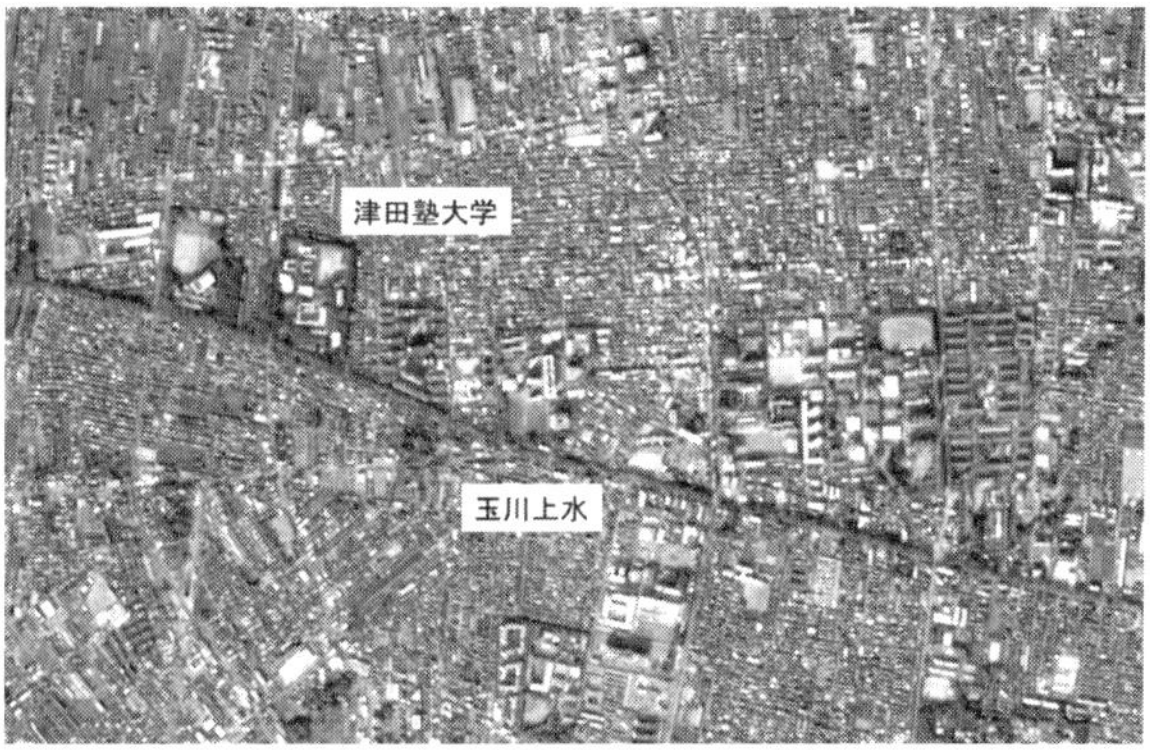

立川から小金井辺りまでの玉川上水の空中写真。Google Earthより

のは現在の重機を使えばいとも簡単にできることです。私は小平に住むようになって20年ほど経ちます。小平は東京の都市としては比較的豊かな緑が残っていると思います。しかし私は、ある日、突然竹林が伐採されて、あっという間に立派なビルが建ったり、雑木林が伐られて駐車場になるなどを見てきました。それは心の痛むことですが、都市ではこういうことはある程度避けられないことなのだろうとも思います。その自己納得のささやかな拠り所は、このような小さな緑地はほかにもまだたくさんあり、代替があるということにあります。

しかし、玉川上水は一本しかありません。その代替はないのです。そして連続していることがそこにすむ動植物にとって重要であることもわかっています。

　私が重要だと思うのは、社会全体が経済復興に邁進していたあの時代に、玉川上水の30キロメートルの部分が残されたということの意味です。「東京が経済発展をすることはよい。だが、そうだからといって江戸時代から続き、先人が残してきたこの緑地をつぶしてはいけない」――昭和の大人たちはそう考えたのだと思います。それは英断というべきことです。私は残された「一条の緑」を失うことは、ウィルソンの言う「料理のためにルネサンス時代の絵画を焚きつけすること」だと思います。火の焚き付けはほかにもあるはずだし、そもそもその火はほんとうに必要不可欠なのかを立ち止まって考えるべきだと思います。

　360年続いた一条の緑は空中写真で見ればまことに心もとないほど細いものです。

　その心もとなさを見ると、これを経済復興の最中《さなか》に守るという英断を下した人たちがいたということが感動的なことのように思えます。そのことを思えば、私たちは玉川上水を次の世代に引き継ぐ責務があると思います。あと40年ほどすると玉川上水ができてから400年の年になります。そのときに、平成の大人たちはよくぞこの玉川上水を残す決断をしてくれたと思ってもらえるでしょうか。

私にできるのは玉川上水の動植物を観察することだけですが、そのことが玉川上水のすばらしさを示すことにつながって欲しいと願っています。そのことを若い人や子どもたちに伝えるささやかな努力をこれからも続けたいと思います。

文献

芦澤明子『木造校舎の思い出　近畿・中国編　芦澤明子写真集』１９９８年、情報センター出版局

伊藤好一『江戸上水道の歴史』１９９６年、吉川弘文館

ウィルソン、エドワード『バイオフィリア——人間と生物の絆』狩野秀之訳、１９９４年、平凡社

カーソン、レイチェル『沈黙の春』青樹簗一訳、１９７４年、新潮文庫

カーソン、レイチェル『センス・オブ・ワンダー』上遠恵子訳、１９９６年、新潮社

カーソン、レイチェル（著）・リンダ・リア（編）『失われた森、レイチェルカーソン遺稿集』古草秀子訳、２０００年、集英社

加藤辿『都市が滅ぼした川』１９７３年、中公新書

小金井市教育委員会『名勝小金井桜絵巻』１９９８年

こだいら水と緑の会『用水路　昔語り』２０１６年

小平市企画政策部政策課『玉川上水サミット』２０１２年

小平市史編さん委員会『小平市史 近世編』２０１２年、小平市

スズキ、デヴィッド『いのちの中にある地球、最終講義：持続可能な未来のために』辻信一訳、２０１０年、ＮＨＫ出版

高槻成紀『野生動物と共存できるか』２００６年、岩波ジュニア新書

高槻成紀『動物を守りたい君へ』２０１３年、岩波ジュニア新書

高槻成紀『たくさんのふしぎ　食べられて生きる草の話』２０１５年、福音館

高槻成紀『タヌキ学入門』２０１５年、誠文堂新光社

高槻成紀編、浅野文彦絵『玉川百科こども博物誌　動物のくらし』２０１６年、玉川大学出版部

津田英学塾『津田英学塾四十年史』１９３１年、津田英学塾

東京都教育委員会『玉川上水文化財調査報告——その歴史と現状——』１９８５年

野上ふさ子ａ『アイヌ語の贈り物——アイヌの自然観にふれる』２０１２年、新泉社

野上ふさ子ｂ『いのちに共感する生き方　人も自然も動物も』２０１２年、彩流社

ハスケル、Ｄ・Ｇ『ミクロの森』三木直子訳、２０１３年、築地書館

渡部一二『図解武蔵野の水路——玉川上水とその分類路の造

形を明かす』２００４年、東海大学出版会
＊学術論文、英語論文は省略しました。

あとがき

私が本を書くときのスタイルは、本全体の構成とメッセージを準備して、そのための情報――私の場合は文献や自分自身のデータなど――をそろえて書き始めるというものです。つまり、振り返りながら全体を整えるわけです。

ところが本書は違う作り方になりました。２０１６年1月に編集の出口綾子さんと話をしたとき、玉川上水の動植物のことがよいということになりました。でも、そのときはまだ調査を始めていませんでしたから、書くべき内容はありませんでした。データがないのですから当然です。ですから、文字通り「筋書きのないストーリー」でスタートしました。

私は玉川上水での観察会が終わると報告を書いて、関係者にメールで送るようにしてきました。そのことを繰り返すうちに、私の中でも読者に伝えたいメッセージが発酵し、形を見せて来ました。

そのひとつは、改めて玉川上水の自然の価値を伝えることの意味です。なんといっても玉川上水が東京都を東西に走る緑地であり、その周りは宅地や道路のある、自然とはほど遠い環境です。だから、「希少だから保護する必要がある」ような動植物はあまりいません。このことはしばしば「だから守る価値が乏しい、あるいはない」とされがちです。私はこのことがまったくまちがっていることを伝えたいと思いました。

第2は、動植物への理解なしにイデオロギーとして自然保護を訴えることは真の力にならないということです。玉川上水の動植物を調べる過程でありふれた生きものたちが懸命に生きている姿に感銘を受けました。その感覚があれば、「保護」などといわなくても、その生息地を破壊することがよくないということは言わずもがなになるということです。

第3は科学する精神の重要性です。私たちが調べて明らかにしたことは、学術的な意味での新発見があるわけではありません。それよりも自分自身の目で確認することが重要だと考えました。実際におこなってみると実におもしろく、参加した人も新しい世界を覗いたように感じたようです。そのとき、野鳥や野草を見て、たちどころに種類が言えるという意味での知識がなくてもよい、特定の種でもいいからその動植物のことを深く知ることのほうがはるかに大切だということです。そして、何をどうすればそれがとらえられるか――それを私は「自然の話を聴く」と表現したいと思いますが――の工夫をすることが大切だということです。日本各地でおこなわれている「自然観察会」で、名前を知ることの競い合いがいかに多いか、そして名前を言えればその動植物を知っていることにしてしまっています。私はそれでは十分でないことを伝えたいと思いました。

第4は、私たちはなかなか動物や植物の立場にたって考えることが苦手なのだということに気づこうということです。私たちは人間の側の価値観から容易に抜けられません。そのことは都市生活をすると一層強くなるように思われます。そうした中で東京の自然を見ることで、私たちが動植物の立場に立つことができるとすれば、それは意味のあることだと思います。

筋書きのないストーリーであることは覚悟していたとはいえ、原稿をまとめる段階の今年の1月になってBBCから連絡があり、まさか来日して取材を受けることになるとは、夢にも思いませんでした。しかもその取材が思いがけず順調で、タヌキ映像をリアルタイムで見るという幸運のおまけつきでした。この日のことは、なにか私の研究者人生への贈り物だったような気がしています。

意外なことに玉川上水の生きものについての一般向けの本はないようです。この本を読んで玉川上水により興味を持ってもらい、その価値が共有されればありがたいことです。また自然観察会のあり方やありふれた生きものの見方についても、これまでの本にはなかったものがあるはずで、それを読み取っていただければうれしいことです。

本書をまとめることでひと区切りがつきましたが、その後も観察会や調査を続けています。中でも「花マップ」と呼んで、仲間が玉川上水30キロメートルを分担して歩き、咲いていた花を撮影して記録する活動をしています。これは現在の玉川上水の記録としてきわめて大きな価値があると思います。

玉川上水の生きものを観察するようになって、美術系の人々との交流が始まったり、子どもとの観察ができたことは私にとって新鮮な体験でした。機会を与えられた関野吉晴先生、リー智子さん、調査でお世話になった松山景二さん、武蔵野美術大学の棚橋早苗さんをはじめとする皆さん、津田塾大学の利根川恵子さんなど多くの方にお礼を申し上げます。関野先生には身にあまる推薦文を書いていただきました。

それから、観察会のとき、私は解説に精一杯なので写真が撮れず、そのようすを棚橋早苗さん、豊口信行さん、高野丈さんが撮影してくださったので、写真を使わせていただきました。観察会の参加者には写っている写真や文章やスケッチを本書に使用することを快諾いただきました。彩流社の出口綾子さんとは観察会の報告についてやりとりをしながら、楽しく作業を進めることができました。この本はこうした多くの人に支えられてできました。ありがとうございました。

２０１７年11月

高槻成紀（たかつき・せいき）
1949年鳥取県生まれ。東北大学大学院理学研究科修了、理学博士。東京大学、麻布大学教授を歴任。現在は麻布大学いのちの博物館上席学芸員。専攻は野生動物保全生態学。ニホンジカの生態学研究を長く続け、シカと植物群落の関係を解明してきた。最近では里山の動物、都市緑地の動物なども調べている。
主著『野生動物と共存できるか』『動物を守りたい君へ』（岩波ジュニア新書）、『タヌキ学入門：かちかち山から3.11まで』（誠文堂新光社）、『となりの野生動物』（ベレ出版）、『唱歌「ふるさと」の生態学～ウサギはなぜいなくなったのか？』（山と渓谷社）、『シカの生態誌』（東京大学出版会）他多数。

都会《とかい》の自然《しぜん》の話《はなし》を聴《き》く
――玉川上水《たまがわじょうすい》のタヌキと動植物《どうしょくぶつ》のつながり

2017年12月7日　初版第一刷

編著者　高槻成紀©2017
発行者　竹内淳夫
発行所　株式会社 彩流社
〒102-0071 東京都千代田区富士見2-2-2
電話　03-3234-5931
FAX　03-3234-5932
http://www.sairyusha.co.jp/

編　集　出口綾子
装　丁　仁川範子
印刷　モリモト印刷株式会社
製本　株式会社難波製本

Printed in Japan　ISBN978-4-7791-2386-3　C0045
定価はカバーに表示してあります。乱丁・落丁本はお取り替えいたします。